コンクリートはどうやってできているの?

コンクリートはさまざまな建物などをつくるうえで欠かせない素材です。どのような材料が使われていて、どのような流れでできあがっているのかを見てみましょう。

① コンクリートの材料

コンクリートの材料として主に使われるのは、セメントと骨材(砂や砂利など)、水、混和材料です。骨材は硬いコンクリートのもととなり、それをセメントと水を混ぜ合わせた水和物と呼ばれる糊でがっちりと固めます。混和材料はコンクリートの品質を改善させる役割があります。

セメント：水との化学反応で、糊の役割を果たす

骨材(砂や砂利など)：コンクリートの頑丈さの根幹をなす

水：糊の役割だけでなく、流動性にも影響する

混和材料：種類に応じてコンクリートの品質を高める

I

❷ コンクリートができるまで

　コンクリートを実際に構造物として仕上げるまでには、さまざまな工程があります。詳しくは本書の中で解説しますが、ここでは簡単な流れを紹介します。

◆生コン工場での製造

　コンクリートは生コン工場という施設で、施工業者からの注文を受けてから製造されます。この段階のコンクリートはレディーミクストコンクリートと呼ばれ、もちろんまだ固まっていない状態です。できあがったレディーミクストコンクリートは速やかに建設現場に運ばれます。

◆建設現場への運搬

　レディーミクストコンクリートを建設現場へ運搬する際は、一般的にトラックアジテータ(ミキサ車)が使われます。トラックアジテータでの運搬中も、材料の分離を防ぐために、常に搭載されているミキサでレディーミクストコンクリートを撹拌しています。

◆コンクリートの施工

　建設現場に届けられたレディーミクストコンクリートは、品質に問題がないことを確認したうえで使用する箇所へ流し込み(打設)が行われます。また、流し込まれたレディーミクストコンクリートが硬化するには時間がかかるため、固まるまでの間は適切に保護(養生)しなければなりません。

◆コンクリートの完成

　所定の期間が経過してレディーミクストコンクリートが完全に硬化したら、コンクリートの完成です。このような流れで構造物の部材ごとにコンクリートを施工していき、構造物ができあがっていきます。

本書を読めば

コンクリートの基本はバッチリ！

　本書では、コンクリートの各材料の特徴や種類、レディーミクストコンクリート製造でのポイント、コンクリートの施工の基礎知識をわかりやすく解説しています。

いろいろな構造物に使われているコンクリート

　コンクリートは土木分野や建築分野において、さまざまな構造物の素材として活用されています。その中でも用途例として代表的な構造物を紹介します。構造物に応じて使われるコンクリートの種類や建築構造が異なるので、併せて見ていきましょう。

❶ 戸建住宅

　かつては木造建築が大半だった戸建住宅ですが、現在はコンクリートが主流となりつつあります。木造よりも耐用年数が長く、気密性も高いのが特徴です。なお、コンクリートを用いた住宅には、内部に鉄筋を入れる鉄筋コンクリート構造でつくられるのが基本です。

❷ マンション

　マンションは、戸建住宅と同様に鉄筋コンクリート構造でつくられることが多いです。コンクリートは遮音性や気密性、断熱性に優れていて、多くの世帯が居住するマンションでの快適な生活にピッタリの素材といえるでしょう。

❸ 高層ビル

　高層ビルや高層マンションのような階数の多い構造物の場合、通常のコンクリートでは強度面に限界があるため、高強度コンクリートと呼ばれる強度の高いコンクリートが主に使われます。都市圏で増え続けている高層ビル群を実現させているのが、このようなコンクリート技術の発達なのです。

❹ 橋

　日本にはさまざまな橋が存在していますが、コンクリートでつくられた橋の数は実に70万基もあります。規模の大きい橋の場合、マスコンクリートと呼ばれる体積や重量の大きいコンクリートが用いられます。また、海上に架かる橋の場合、海水の影響を考慮した海洋コンクリートも取り入れられます。

❺ トンネル

　日本にあるトンネルは約1万本といわれています。トンネルは山などをくり抜いてつくられるため、崩落(ほうらく)などを防ぐための施工技術が取り入れられています。天端(てんば)部や側壁(そくへき)部などには吹付けコンクリートという種類が使われることが多く、道路面では舗装コンクリートが使われます。

❻ ダム

　治水や利水、水力発電などの用途で広い地域の生活を支えているダム。規模がとても大きい構造物となるため、一般的にマスコンクリートが用いられます。また、自重で安定性を備えることができるので、鉄筋を使わない無筋コンクリート構造でつくられることが多いです。

❼ 擁壁

　高低差の異なる地面において土壌の崩壊を防ぐために設置される擁壁（ようへき）も、コンクリートでつくられることの多い重要な構造物です。さまざまな工法が存在していて、設置条件に応じて使い分けられています。

さまざまなコンクリートの種類がわかる！

　構造物によって利用されるコンクリートの種類は多岐にわたります。本書では、その中でも特に押さえておくべき種類について、その特徴や施工時などの注意点などを詳しく解説しています。

はじめに

私たちはコンクリートが身近にある中で暮らしています。例えば住んでいるマンションやアパート、毎日通っている会社や学校、通勤・通学中にわたる橋、道中の川岸や海岸を保護している護岸、自動車で潜り抜けるトンネル、駅のプラットホームなどなど……、皆さんの毎日の生活をそれぞれ思い浮かべていただければ、その周囲にはコンクリートでつくられたものがあふれていることに気づくでしょう。

そのように私たちの生活の中に当たり前のように存在しているコンクリートについて、

- コンクリートは何からできているのか
- コンクリートはどうして固まるのか
- コンクリートはどのような手順でつくられるのか
- コンクリートにはどのような種類があるのか
- コンクリートのひび割れはなぜできるのか

といった、**基本中の基本から解説している**のが本書です。コンクリートに関わる仕事に就いたばかりの方やコンクリート業界に興味をもっている方だけでなく、普段コンクリートに興味・関心の薄い方々にも向けて、**専門用語をわかりやすく解説し、体系的な内容でまとめています**。また、**これからコンクリート技士試験を受験したいと考えている方にも、基本を学ぶための参考書として活用していただける内容**となっています。

最近ではコンクリート構造物の老朽化問題が話題に挙がることも増えているように、コンクリートについては解決しなければならないさまざまな課題があります。その一方で、**コンクリートの技術はどんどん発展していて、環境問題への取り組みも進んでいます**。そのような一面を、本書を通じて知っていただけると嬉しい限りです。そして、コンクリートへの興味・関心を深めていただき、一人でも多くの方がコンクリートの次代の担い手となってくれることを願っています。

水村俊幸・速水洋志・吉田勇人・長谷川均

最新図解

基礎からわかる
コンクリート

水村俊幸＋速水洋志＋吉田勇人＋長谷川均＝著

ナツメ社

コンクリートを長持ちさせるには

　コンクリートは高い耐久性と安全性で信頼されてきました。その一方で、近年はコンクリートの老朽化の問題も生じています。

❶ 適切な施工の実施

　コンクリートの施工の精度は、できあがったコンクリートの品質に直結します。コンクリートを長持ちさせるには、正しく施工することが不可欠なのです。

❷ 適切な診断や補修・補強の実施

　構造物の使用状況によって、コンクリートにもたらす影響は大きく変わってきます。そのため、できあがった構造物も定期的に診断し、コンクリートに問題が生じていた場合には補修や補強などの対策をとる必要があります。

コンクリートの維持管理も押さえられる！

　近年はコンクリート構造物を新しくつくるよりも既存のコンクリート構造物を維持管理することに重点が移りつつあります。コンクリートのメンテナンスについても本書では詳しく解説しています。

◎コンクリートがさまざまな構造物で使われる理由

　ここまで紹介したとおり、コンクリートは現代社会においてなくてはならない存在といえるでしょう。なぜコンクリートはここまで世の中に普及することができたのでしょうか。その理由もさまざまですが、大きく4点を挙げることができます。

❶材料の調達が容易
コンクリートの主要な材料であるセメントや骨材、水、混和材料は、いずれも入手しやすく、安価といえます。このコストの低さが規模の大きい構造物の素材として好まれている要因です。

❷自由に形をつくれる
コンクリートは固まる前の状態であれば、型枠に流し込むことで必要とする形を自由自在につくりあげることができます。そのため、構造物ごとに生じているさまざまな設置条件にも対応しやすいです。

❸長期間の利用ができる
コンクリートを用いて建設する構造物の大半は、何十年という長い期間の運用を想定しています。コンクリートは、適切につくってメンテナンスを怠らなければ、その長い運用期間でも安定した性能を備えることができるのです。

❹技術の積み重ねが著しい
コンクリートが建設素材の主役になったのはまだ半世紀ほどですが、コンクリート自体の技術や施工技術の開発は常に進歩しています。構造物が必要としている性能を実現するための選択肢をコンクリートは幅広くもっていることが、多くのシーンでの活用につながっています。

目　次

コンクリートはどうやってできているの？ ………………………………… Ⅰ

いろいろな構造物に使われているコンクリート ……………………… Ⅳ

コンクリートを長持ちさせるには ……………………………………… Ⅷ

はじめに ……………………………………………………………………… 2

第 1 章　コンクリートの基本

1 コンクリートとは ……………………………… 8

2 コンクリートの性質と特徴 ………………… 10

3 コンクリートの種類 ………………………… 14

4 コンクリートが固まるしくみ ……………… 18

5 コンクリートの用途 ………………………… 20

6 コンクリートができるまで ………………… 22

コラム 古代ローマでも使われていたコンクリート ………… 26

第 2 章　コンクリートの材料

1 コンクリートの主な材料 …………………… 28

2 セメント ……………………………………… 29

3 骨材 …………………………………………… 38

4 練混ぜ水 ……………………………………… 46

5 混和材料 ……………………………………… 50

コラム コンクリートは地球環境に優しい素材 ……………… 58

3

第 3 章　コンクリートの配合設計

1. 配合設計の基礎知識 …………………… 60
2. 配合設計の流れ ………………………… 64
3. コンクリートの強度 …………………… 69
4. 配合強度 ………………………………… 70
5. 水セメント比 …………………………… 73
6. 単位量 …………………………………… 75
7. 粗骨材の最大寸法 ……………………… 77
8. スランプと空気量 ……………………… 78
9. コンクリートの試し練り ……………… 80
10. コンクリートの現場配合 ……………… 83
11. 配合の計算方法 ………………………… 85
    コラム　理想的な配合設計とは ……………………………………………………… 88

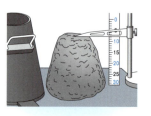

第 4 章　レディーミクストコンクリート（生コンクリート）

1. レディーミクストコンクリートとは ………… 90
2. レディーミクストコンクリートの製造 ……… 94
3. レディーミクストコンクリートの発注 ……… 97
4. レディーミクストコンクリートの
   品質検査 ……………………………………… 100
   コラム　生コン工場の変遷 …………………… 102

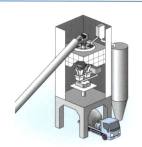

第 5 章　コンクリートの施工

1. コンクリート構造物に関する主な工事 ……………………………………… 104
2. コンクリートの施工の概要 …………………………………………………… 106
3. コンクリートの施工計画を立てる …………………………………………… 108

4 鉄筋工事 ………………………… 111

5 型枠工事 ………………………… 114

6 レディーミクストコンクリートの運搬・
受け入れ ………………………… 116

7 コンクリートの打設 ………………… 119

8 コンクリートの養生 ………………… 125

コラム 施工不良で生じるコンクリートの変状 ………………………… 128

第6章 さまざまなコンクリートの特徴と用途

1 寒中コンクリート ………………………………………………… 130

2 暑中コンクリート ………………………………………………… 132

3 マスコンクリート ………………………………………………… 135

4 舗装コンクリート ………………………………………………… 138

5 高強度コンクリート ………………… 141

6 高流動コンクリート ………………… 143

7 流動化コンクリート ………………… 146

8 水中コンクリート …………………… 148

9 海洋コンクリート …………………… 152

10 水密コンクリート ………………………………………………… 155

11 その他のコンクリート …………………………………………… 157

コラム 古代でも活躍した？　次世代のコンクリート ……………………… 160

第7章 コンクリート構造の基礎知識

1 コンクリート構造の分類 …………… 162

2 鉄筋コンクリートで用いられる
構造形式 ……………………… 166

3 鉄筋コンクリートの予備知識 ……… 169

5

4 プレストレストコンクリートの施工 ……………………………………………… 174
5 コンクリート製品（プレキャストコンクリート）……………………………… 177
コラム コンクリート構造物の設計・施工の合理化 …………………………… 182

第8章 コンクリートの劣化と対策

1 コンクリートの寿命と劣化 …………… 184
2 ひび割れ ………………………………… 187
3 中性化 …………………………………… 190
4 アルカリシリカ反応 …………………… 193
5 塩害 ……………………………………… 196
6 凍害 ……………………………………… 198
7 化学的浸食 ……………………………… 201
8 非破壊検査 ……………………………… 204
9 コア抜き検査 …………………………… 206
コラム コンクリート関連のさまざまな資格 … 212

第9章 コンクリートのこれから

1 コンクリート構造物に求められる性能 …… 214
2 老朽化が進むコンクリート構造物 ………… 219
3 コンクリート構造物と大震災 ……………… 225
4 コンクリート業界の未来像 ………………… 227
コラム 今後のコンクリート業界の動向 ……… 232

索引 …………………………………………………………………………………… 233

本文デザイン・DTP	有限会社プッシュ
図版・イラスト	神林光二、まるやまともや
編集協力	有限会社ヴュー企画
編集担当	山路和彦（ナツメ出版企画株式会社）

※本書に掲載の写真に関して、提供元・出典元の記載のないものについては、著者提供もしくはPIXTA（ピクスタ）提供です。

第 1 章

コンクリートの基本

現代社会のさまざまな場面で使われているコンクリート。私たちの生活を支えている重要な素材ですが、材料や種類、性質、製造工程などは専門家でないと案外知らないものです。本章ではそれらコンクリートの基本的な知識について解説します。

1 コンクリートとは

　私たちの生活環境の中で、あらゆるところに使われているコンクリート。ビルやマンションの柱や壁はもちろん、道路や橋、トンネル、地下道などの交通インフラ、河川敷やダム、下水道に至るまで、生活を便利かつ安全にするために使われています。

▶コンクリートの現状

　コンクリートは安価で使い勝手がよく、多くの構造物に使われてきました。現在までに使用されたコンクリートの総量は、100億m^3（東京ドーム8,100個分）にも達するといわれています。

【 多くの現場で使われるコンクリート 】

　しかし、現在のコンクリート構造物の多くは建設後50年以上が経過していて、トンネル内壁の老朽化に伴うコンクリート片の剥離落下事故や、施工不良に起因する鉄筋腐食、塩分や炭酸ガスなどの劣化因子が混入したことによる早期劣化などが起こり、社会問題となっています。

　実は、コンクリートに関する技術開発の歴史は未だ半世紀ほどと浅く、品質や耐久性に関する知識も、一般の人はもちろんのことコンクリート技術者にも十分に浸透しているとはいえないのです。

　コンクリート構造物は正しい知識と適切な施工によって、はじめて高品質に仕上がり、長持ちもします。しかし、誤ったつくり方をしてしまうと

品質が損なわれ、早期劣化を引き起こすことがわかったのもずいぶん後になってからでした。**現在では、老朽化したコンクリートを壊して新しくつくり直すのではなく、適切に維持管理して延命を図ることのほうが重要だと捉えられるようになっています。**

▶コンクリートは何でできている？

骨材（砂、砂利）をセメントペーストと一緒に混合したものが、コンクリートです。セメントペーストとは、セメント（粉体）と水を練り混ぜたもので、硬くなるのは水とセメントの化学反応によるものです。このように、**水とセメントが化学反応を起こすことを水和反応といいます。**

固まる強度は、セメントペーストのセメントと水の割合で決まります。簡単にいうと、セメントの割合が多いほど硬いコンクリートが、水の割合が多いほど緩いコンクリートができます。

固まる前のコンクリートを、フレッシュコンクリートといいます。一方、砂利を混ぜず、砂とセメントペーストだけを混合したものをモルタルといいます。モルタルやセメントペーストの多くは、コンクリートの補修に使われます。

【 セメントペースト・モルタル・コンクリートの材料 】

第1章　コンクリートの基本

2 コンクリートの性質と特徴

　一般的に「強い」というイメージがあるコンクリートですが、当然弱点があります。また、化学変化の産物であるため、特有の性質があることも押さえておかなければなりません。

▶圧縮力に強いが曲げや引張りには弱い

　前節でも述べたとおり、コンクリートが固まるのはセメントペースト中のセメントと水の化学反応による作用です。これに砂と砂利が結びつくことで石のようにガッチリと強く固まるわけですが、実は力への抵抗については得意・不得意があります。具体的には、**コンクリートは圧縮力には強いのですが、曲げたり引っ張ったりする力には弱いのです。**

　曲げや引張りに弱いといっても、もちろん人が与える力程度で簡単に破壊できるものではありません。ただ、地震のような膨大な力やコンクリートの劣化による耐久性の低下などを踏まえて、この弱点についてはしっかりと意識しておく必要があるでしょう。

　強度については、P.69で詳しく解説します。

【 圧縮力・曲げ・引張りへの強度 】

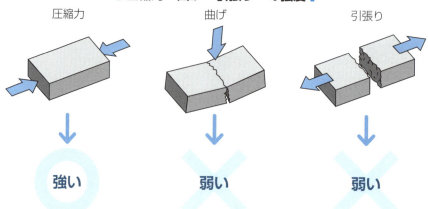

▶自由な形に成形できる

　固まる前の状態であるフレッシュコンクリートは、やわらかく流動性があるため、型枠に合わせることでさまざまな形をつくることができます。

　ただし、構造物の形が複雑だったり厚みが薄かったりすると、コンクリートが充填されにくくなります。この場合、砂や砂利の寸法を小さくしたり、流動性を高めるために流動化剤（P.52～53参照）を混入したり、型枠用振動機（振動を与えて締め固める機械）を使用したりすることで対処できます。

【 さまざまな形のコンクリート構造物 】

▶火や熱には強いが悪影響が生じる

　コンクリートは一般的に燃えにくく、火に強いと思われがちです。たしかにセメントと砂利と砂が材料なので、木造家屋などのように燃えることはないでしょう。しかし、600℃を超える高温にさらされると、強度は約半分に低下し、1,200℃以上で溶解します。さらに、加熱が急激である場合、コンクリートは爆裂します。このように、**長時間高温にさらされることによって悪影響が生じるのです。**

　また、鉄筋コンクリート（P.14参照）は高温加熱を受けると、鉄筋とコンクリートの付着が弱くなり、構造物の耐久力が低下します。

　なお、**コンクリートは特定の温度にさらされたときに表面に特有の変色が生じます。この色からコンクリートが受けた温度を判断することができます。**

第1章　コンクリートの基本　11

【受熱温度によるコンクリートの変色】

受熱温度	変色
300℃未満	黒いススが付着
300〜600℃	ピンク色
600〜950℃	灰白色
950〜1,200℃	淡黄色
1,200℃以上	溶解する

▶腐食に強いが酸には弱い

　コンクリートは、水や酸素に触れても腐食しません。ただし、鉄筋コンクリートの場合、内部の鉄筋が錆びることはあります。というのも、健全なコンクリートはpH12以上の強いアルカリ性の状態ですが、二酸化炭素の影響を受けると、コンクリート中の水酸化カルシウムが炭酸カルシウムに変化し、アルカリ性を弱める中性化という現象が起こります（P.190参照）。この中性化により、内部の鉄筋が錆びて腐食しやすくなるのです。

　また、温泉地などでは、**酸性のガスや溶液によってコンクリートが化学変化を起こすことで、表面からもろくなりやせ細ることがあります**。また、下水道施設では、使用されているコンクリートが微生物や硫酸塩の影響を受けて、浸食されることがあります。

【 劣化したコンクリート 】

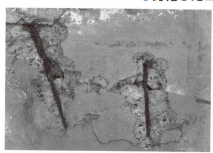 

▶ひび割れしやすい

　コンクリートにはひび割れがつきものといわれがちです。これは、コンクリートが強固で、変形しづらいという性質をもっているためです。
　ひび割れは、主に乾燥によって起こります。コンクリート内部には適度な水分が含まれていて水和反応を続けていますが、乾燥によって水分が減少すると、表面が収縮してしまいます(**乾燥収縮**)。この収縮でひび割れが生じるのです。そのほかの原因としては、急激な温度変化や外力による変形、さまざまな劣化現象(第8章参照)などが挙げられます。
　ただし、**いずれのひび割れもコンクリートの施工や構造物の管理を適切に行っていれば防げるケースが多いです。**いかにひび割れを起こさないコンクリートをつくれるかが、施工業者の腕の見せ所ともいえるでしょう。

[コンクリートに生じたひび割れ]

▶固まるのに時間がかかる

　コンクリートを流し込んでから経過した時間を材齢といいます。**ある程度の硬さになるまでの材齢は約1ヵ月とされていて、固まるまでに日数がかかることは弱点ともいえるでしょう。**また、固まるまでの間も乾燥防止などの適切な措置を講じなければなりません。

第1章　コンクリートの基本　13

3 コンクリートの種類

　一口にコンクリートといっても、分類によってさまざまな種類があります。どのようなケースでどんなコンクリートが使われているのかを見ていきましょう。

▶材料による分類

　コンクリートは、使われている材料から**セメントコンクリート**と**アスファルトコンクリート**に大別できます。セメントコンクリートは、水とセメント、砂、砂利が主な材料です。一方、アスファルトコンクリートは、石油から生成されるアスファルトを糊として、砂と砂利を固めたものです。**通常、コンクリートといえばセメントコンクリートのほうを指します。**

▶鉄筋の有無による分類

　P.10でも説明しましたが、コンクリートには、圧縮力に強く引張力に弱いという性質があります。**この引張力に対する弱点を補うためにコンクリート部材の引っ張られる側に鉄筋を配置します。これを鉄筋コンクリートといいます。**鉄筋は強いアルカリ性のもとでは錆びにくいという性質があるため、コンクリートと鉄筋は、互いの弱点を補い合うことができます。

　また、鉄筋の代わりにPC鋼材と呼ばれる、鉄筋の5倍以上の引張強度をもつ補強用鋼材を使用することがあります。**PC鋼材を使用したもの**

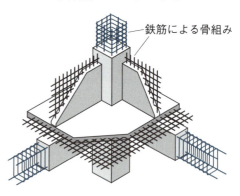

【 鉄筋コンクリート 】

鉄筋による骨組み

はプレストレストコンクリート(PCコンクリート)と呼ばれます。プレストレストコンクリートでは、あらかじめコンクリート部材に圧縮力を与えておくため、荷重を受けてもコンクリートに引張力を生じさせません。つまり、鉄筋コンクリートよりも、さらにひび割れを防ぐ能力が高いということになります。

一方、重力式ダムのように、**鉄筋を使わずにコンクリート構造物本体の重さで水圧や土圧などに対抗させるコンクリートを無筋コンクリートといいます**。

この3種類のコンクリートについては、第7章で詳しく説明します。

【 無筋コンクリートでつくられる重力式ダム 】

▶使用環境や用途、性質による分類

コンクリートは、使用する環境により寒中コンクリートと暑中コンクリートに分類できます(詳しくは第6章参照)。

①**寒中コンクリート**
日平均気温が4℃以下になることが予想されるときに使用するコンクリートです。凍結しないように対策を講じます。

②**暑中コンクリート**
日平均気温が25℃を超えることが予想されるときに打設するコンクリートです。土木学会が発行しているコンクリート標準示方書では、打込み時のコンクリート温度を35℃以下と規定しています。気温が高い日の作業については少なからず問題が発生しやすくなるため注意が必要です。

また、コンクリートは用途や性質でもさまざまな種類に分類することができます。これも第6章で詳しく解説します。

① **マスコンクリート**

広がりのある床板(厚さ80〜100cm以上を目安)や下端が拘束された壁(厚さ50cm以上を目安)などで打設するコンクリートです。コンクリートの部材が厚くなると、コンクリートの水和熱(P.34参照)の温度が上昇してひび割れを発生させるため、温度を下げるなどのひび割れ防止策が講じられています。

② **舗装コンクリート**

【 舗装コンクリートの駐車場 】

通常のコンクリートよりも凍結融解抵抗性やすり減り抵抗性、繰返し応力による疲労抵抗性を高めることで、舗装に適した性能を付与したコンクリートです。

③ **高強度コンクリート**

【 高強度コンクリートのマンション 】

高層建築や大スパン建築の実現のために開発されたコンクリートです。通常のコンクリートよりも強度が高く、水分が少ないため、ひび割れなどの劣化現象が生じにくいという特徴があります。建物の寿命を長くすることができる点から普及が進んでいます。

④ **高流動コンクリート**

フレッシュ時(練混ぜ直後〜凝固・硬化に至るまでの間)の材料の分離抵抗性を損なうことなく、流動性を著しく高めたコンクリートです。振動締固め作業を行わなくても材料分離を生じることなく、型枠の隅々に充填することが可能です。高流動コンクリートには、粉体を増加させて材料の分離抵抗性が与えられたタイプや、高性能AE減水剤(P.52参照)を用いてさらに高い流動性をもたせるタイプ、増粘剤によって材料の分離抵抗性を与えるタイプがあります。

⑤ **流動化コンクリート**

あらかじめ練り混ぜられたコンクリートに流動化剤(P.52〜53参照)を添加し、撹拌することにより流動性を増大させたコンクリートです。水の量

を増やさずに流動性を大きくできるため、施工性を改善することができます。プレキャストコンクリート(あらかじめ工場などでつくられたコンクリート製品。P.177参照)などに使用されます。

⑥**水中コンクリート**

　水中に打設するコンクリートです。ただし、水の影響で材料分離を起こしやすいため、それを防ぐために特殊な混和材を用います。こうしてつくられたコンクリートを、水中不分離性コンクリートといいます。

【 海洋コンクリートの橋 】

⑦**海洋コンクリート**

　海水に接したり、直接波しぶきを受けたり、飛沫塩分の影響を受けたりする環境で使われるコンクリートです。

【 水密コンクリートのプール 】

⑧**水密コンクリート**

　コンクリート硬化後の透水性が少なく(水を通しにくい)、水が拡散しにくいコンクリートです。プールや水槽など、圧力水が作用する場所に適用されます。使用する際は、空隙やひび割れが発生しないように注意が必要です。

⑨その他のコンクリート

　ここまで紹介したコンクリート以外にも、次のようなコンクリートもあります。

- **ダムコンクリート**：ダム用に使われるコンクリートです。
- **気泡コンクリート**：気泡を多量に混入させた気泡コンクリートです。
- **遮へいコンクリート**：放射線を防ぐコンクリートです。
- **吹付けコンクリート**：圧縮空気によって吹き付けて施工するコンクリートです。
- **プレパックドコンクリート**：あらかじめ型枠内に粗骨材を詰めておき、すきまにモルタルを注入してつくるコンクリートです。
- **AEコンクリート**：AE剤やAE減水剤(P.52〜53参照)を用いたコンクリートです。
- **膨張コンクリート**：膨張材(P.55〜56参照)を用いたコンクリートです。

第1章　コンクリートの基本　　17

4 コンクリートが固まるしくみ

コンクリートの大きな特徴は石のようにガッチリと固まっていることですが、どのようなメカニズムで固まるのでしょうか。固まる理由と条件を理解しておきましょう。

▶水和反応がコンクリートを固める

コンクリートが水とセメントの化学反応（水和反応）によって固まることはP.9でも説明したとおりです。**水とセメントが混ざり合うとガラス質の硬い結晶（水和物）が生成されます**。これが糊の役割を果たして、時間が経過すると砂や砂利と一体になって石のようにガッチリと固まっていくのです。

このとき、固まる強度はセメントと水の分量で決まります。**セメントの割合が多いほうが強く固まるのです**。逆に、水の割合が多いとできあがったコンクリートの強度は弱くなります。コンクリートの強度に影響するセメントと水の質量の割合を、水セメント比やセメント水比といいます（P.73参照）。

▶水和反応のメカニズム

セメントの原料は、石灰石と粘土、ケイ石、鉄などです。これらの材料を乾燥させて細かく砕き、よく混ぜてから高温で焼きます。焼きあがったものを急冷して粉にし、最後に石こうを混ぜます。石こうを混ぜるのは、セメントが早く固まりすぎるのを抑えるためです。

焼いたときに、エーライト（ケイ酸三カルシウム）、ビーライト（ケイ酸二カルシウム）、アルミネート相（アルミン酸三カルシウム）、フェライト相（鉄アルミン酸四カルシウム）などが生じます。これらを総称して**クリンカ**といいます。

水和反応は、このクリンカと水が結びつくことにより生じる化学反応で

す。水和反応が起こると水酸化カルシウムやエトリンガイトという針状の結晶などができます。これらの物質が砂や砂利を結びつけて、コンクリートは石のように硬くなるのです。

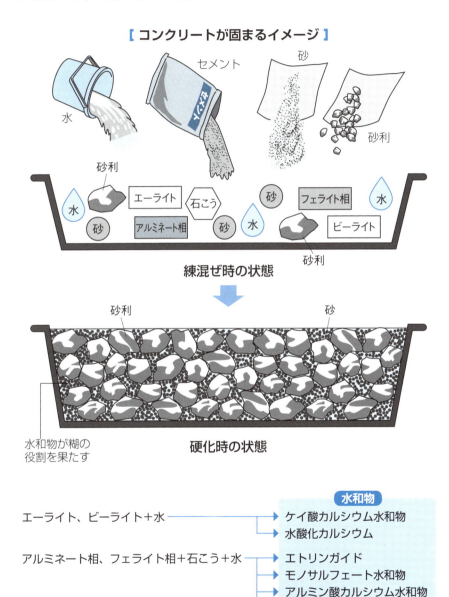

[コンクリートが固まるイメージ]

練混ぜ時の状態

硬化時の状態

水和物が糊の役割を果たす

エーライト、ビーライト＋水 → ケイ酸カルシウム水和物
　　　　　　　　　　　　　　→ 水酸化カルシウム

アルミネート相、フェライト相＋石こう＋水 → エトリンガイド
　　　　　　　　　　　　　　　　　　　　→ モノサルフェート水和物
　　　　　　　　　　　　　　　　　　　　→ アルミン酸カルシウム水和物
　　　　　　　　　　　　　　　　　　　　→ その他の水和物

第1章　コンクリートの基本

5 コンクリートの用途

　コンクリートは主に土木分野と建築分野に使われます。目的や用途に応じて使うべきコンクリートの種類も違ってきますので、概要を説明します。

▶土木における用途

　コンクリートは、その耐久性の強さから土木構造物に最も適した素材として昔から使われてきました。第6章や第7章でも詳しく説明しますが、用途に応じて以下のように使い分けられます。

①擁壁（P.168参照）など
→一般構造用コンクリート

②ダム、橋台（橋脚）など
→マスコンクリート

③トンネルなど
→吹付けコンクリート

④消波ブロックなど
→海洋コンクリート

※このトンネルの写真の例では、吹付けコンクリートの施工後に内面をコンクリートで巻き立てています（二次覆工）。

⑤水路など
→プレキャストコンクリート

⑥橋桁など
→プレストレストコンクリート

▶建築におけるコンクリートの用途

　土木の分野において多くの場面で使用されているコンクリートですが、**建築の分野でも最も普及している素材です**。以下に主な使用例を挙げます。

①戸建住宅　　　　　　　②集合住宅（アパートやマンション）
③商業ビルやオフィスビル　④プレキャストパネル板
⑤空洞ブロック

> **コラム　土木分野と建築分野の違い**
>
> 　本節ではコンクリートの土木分野と建築分野での使われ方を紹介しましたが、一般的には両者の違いはわかりづらいといわれます。土木は道路や橋、ダム、トンネル、上下水道などのいわゆるインフラに関わる分野です。一方の建築は、屋根（天井）と柱または壁を備えた空間である建築物に関わる分野です。ちなみに建設は、土木と建築と両方を含めた表現として使われます。
>
> 　日本での土木と建築の区分けは海外に比べるとはっきりしていて、例えば土木向けの『コンクリート標準示方書』（土木学会）と建築向けの『建築工事標準仕様書・同解説』（日本建築学会）では規定内容に違いがあります。

6 コンクリートができるまで

　コンクリートは、生コン工場で材料を混ぜ合わせて製造したレディーミクストコンクリートを所定の型枠に流し込んでつくられます。できあがるまでの流れを見ていきましょう。

▶コンクリートができる工程

　コンクリートで実際に建造物をつくるためには、いくつかの工程があります。まず、生コン工場にて**レディーミクストコンクリート（生コンクリート、生コン）を製造**することがスタートです。**製造したレディーミクストコンクリートを工事現場へと運搬**し、品質確認で問題がなければ**打設（打込み・締固め）を行い**ます。

　打込みとは、型枠と呼ばれる枠の中にレディーミクストコンクリートを流し込む作業のことです。一方、締固めは型枠内に流し込んだレディーミクストコンクリートに振動を与える作業です。振動を与えることで、コンクリート内のすきまを取り除いて、型枠全体にコンクリートを行きわたらせることができます。打設とは、この打込みと締固めを合わせた呼び方です。

　打設が完了したら、養生を行います。養生はコンクリート表面を外気と遮断して乾燥などを防ぐ作業です。所定期間の養生が済んだら、コンクリートの完成となります。

【 コンクリートづくりの工程 】

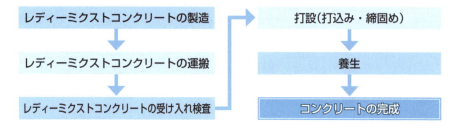

▶レディーミクストコンクリートの製造

　まずは**各材料を一時保管場所に保管**します。砂や砂利は、水が混入すると品質に大きな影響をおよぼすので、雨に濡れない場所に保管しなければなりません。また、セメントは専用のセメントサイロに、水と混和材料(P.50参照)は専用のタンクに保管します。

　次に、バッチャープラントと呼ばれる設備で計量や練混ぜを行います。**材料ごとに重量を量り、計量した材料をミキサに投入し、練り混ぜます。**

　こうして練り上がったものがレディーミクストコンクリートです。詳しくは第4章で解説します。

[生コン工場]

▶レディーミクストコンクリートの運搬

　レディーミクストコンクリートは、トラックアジテータ(生コン車、トラックミキサ)に積み込まれて工事現場へと運ばれていきます。昔は、容

器を高速で回転させることによって混合できるミキサ車に、材料を直接積み込んで練り混ぜてコンクリートをつくっていたこともありました。海洋工事やダム工事の場合は、ミキサ船や専用プラントを現地に設置することもあります。

　なお、レディーミクストコンクリートは、運搬中でも適度に撹拌を行わないと材料が分離して均一ではなくなってしまうので、ミキサ部を低速で回転させて撹拌しながら輸送します。

　このように**レディーミクストコンクリートの運搬中も、品質管理をしっかりと行っています**。また、トラックアジテータへの積込み時には製造担当者が品質確認を行い、荷卸し時には現場担当者（購入者）が納入伝票に記載の運搬時間や配合等に誤りなどがないか確認します。

【 トラックアジテータ 】

▶レディーミクストコンクリートの受け入れ検査

　運搬が完了したら、現場担当者（購入者）はレディーミクストコンクリートが注文どおりの品質となっていることを確認するために各種品質試験・検査を実施します。これを受け入れ検査といいます。このときに検査されるのは主にコンクリート強度、スランプまたはスランプフロー、空気量、塩化物含有量などです。

　注文どおりの検査結果であれば、このまま使用できます。一方、注文どおりの検査結果とならなかった場合には、受け入れを拒否して返品することができます。

▶コンクリートの打設(打込み・締固め)

　受け入れ検査に合格したレディーミクストコンクリートは、ポンプ車やバケット、シュート、一輪車などを用いて型枠へ流し込まれます。これが打込みです。

　打込みとともに締固めの作業も進めます。締固めでは内部振動機という高周波を発生させる機械をコンクリート内に差し込んで、コンクリート内部から振動を与えるのが一般的です。ただし、内部振動機が使えない場所などでは、振動モータなどを用いて型枠の外側から振動を与える方法や、舗装道路や床などの場合、振動コンパクタなどで表面に振動を与える方法なども用いられます。

【 コンクリートの打設 】

▶コンクリートの養生

　打設が完了した後は、急激に乾燥しないように適度な温度と水分を与えて、雨や霜、日光から保護します。この工程を養生といいます。

　レディーミクストコンクリートが完全に固まって十分な強度が出るまでには約1ヵ月程度かかります。配合によって7日、28日で目標強度が出るよう設計されています。この工程で十分な管理を行うことで品質のよいコンクリートとなります。

　ここまで紹介した運搬〜養生については、第5章で詳しく解説します。

コラム

■古代ローマでも使われていたコンクリート

　コンクリートの歴史は実は古く、約2,000年前の古代ローマ帝国でコンクリートの原型が技術として使われていたことが知られています。橋や水道、伽藍、神殿などの構造物がコンクリートでつくられていて、現在もイタリアの観光名所として人気のコロッセオやパンテオン神殿、カラカラ浴場などもコンクリートの建築物です。

　古代ローマ人たちがコンクリート技術を身に付けたのは火山がきっかけだといわれています。ヴェスビオス山（イタリア南部にある火山）で見つかった火山灰と石灰、砕石の混合物を水に入れると、硬化して強度を増すことを発見し、建築などに活かすようになりました。このように古代ローマで使われていたコンクリートは、ローマン・コンクリートと呼ばれます。

　しかし、古代ローマ帝国の滅亡によってローマン・コンクリートは失われてしまいました。再びコンクリートが使われるようになったのは、18世紀半ばの産業革命からです。

　なお、セメントの歴史はさらに古く、約9,000年前にはセメントに似た素材が使われていた痕跡が現在のイスラエルなどで見つかっています。

パンテオン神殿

第2章

コンクリートの材料

コンクリートの主要材料であるセメント・骨材・水(練混ぜ水)・混和材料は、コンクリートのできを左右する極めて重要な要素です。各材料にはどういう役割や性質があり、どのような品質基準が定められているのか、本章で詳しく解説します。

1 コンクリートの主な材料

　コンクリートはさまざまな材料が使われています。第1章でもセメントや骨材（砂や砂利）、水について言及しましたが、ほかに主要な材料として混和材料と空気があります。

▶コンクリートの材料の概要

　P.9にてコンクリートはセメント・水・砂（細骨材）・砂利（粗骨材）でできていると説明しましたが、**実際には混和材料（混和剤、混和材）と空気も使われています。**

　砂と砂利を結びつける結合材の役割を果たすのはセメントと水であり、コンクリートの骨格をつくるのは骨材（細骨材と粗骨材）です。そして、混和材料を加えることで、コンクリートの強度やワーカビリティー（施工の容易さ）および耐久性などの品質を改善できます。さらに、空気（エントレインドエア。P.52参照）によって、作業性の改善と耐凍害性を向上させることができます。

【 コンクリートの材料 】

② セメント

セメントはコンクリートの硬化に欠かせない材料で、用途に応じてさまざまな種類が使われます。ここではセメントの種類や製造方法などを解説します。

▶セメントの歴史

　セメントは、歴史をさかのぼると約9,000年前のイスラエル地域で使われていたといわれます。また、古代エジプトのピラミッド建設にも使用されていました。日本では、江戸時代末期にフランスからポルトランドセメントを輸入し、長崎製鉄所のレンガの接着に使ったのが、最初の使用例だとされています。当時のセメントは輸入品で、遠方のヨーロッパから船で運ばれた材料ということもあり、とても高価なものでした。

　そして1873年に日本初の官営セメント会社が東京深川で設立され、国産セメントの製造が始まりました。その後、国産セメントの生産量は着実に伸び、戦前には日本の技術によるセメント工場が中国に建設されるまでに発展しました。

　なお、官営セメント会社ができた8年後の1881年に山口県で民営セメント会社が設立された当時の国内年間生産量は2,760 t 程度でした。それから約130年を経た現在の国内年間生産量は、約61,139,000 t なっています（2014年現在）。これは世界10位の生産量です。

　また、品質面においても日本のセメントは世界でもトップクラスを誇っていて、さらに環境技術面では世界をリードしています。

▶セメントの分類と種類

　セメントとは、水と混ざることで水和反応を起こして硬化する粉体のことをいいます。広い意味では、アスファルトやにかわ、樹脂、石こう、石灰などを組み合わせた接着剤全般もセメントといえますが、通常はコンク

第2章　コンクリートの材料　**29**

リート材料として用いられるもののみを指します。

セメントは、さまざまなタイプが生産されていて、目的や用途に応じて使用されています。大きく分類すると、ポルトランドセメント、ポルトランドセメントを主体として混和材料を混ぜ合わせた混合セメント、その他の特殊セメント、エコセメントに区分され、さらに種類を細分化できます。

【セメントの分類と種類】

セメント分類	セメント名称
ポルトランドセメント	普通ポルトランドセメント
	普通ポルトランドセメント(低アルカリ形)
	早強ポルトランドセメント
	早強ポルトランドセメント(低アルカリ形)
	超早強ポルトランドセメント
	超早強ポルトランドセメント(低アルカリ形)
	中庸熱ポルトランドセメント
	中庸熱ポルトランドセメント(低アルカリ形)
	低熱ポルトランドセメント
	低熱ポルトランドセメント(低アルカリ形)
	耐硫酸塩ポルトランドセメント
	耐硫酸塩ポルトランドセメント(低アルカリ形)
混合セメント	高炉セメント
	シリカセメント
	フライアッシュセメント
特殊セメント	白色ポルトランドセメント
	アルミナセメント
エコセメント	普通エコセメント
	速硬エコセメント

ポルトランドセメントは、19世紀にイギリスで発明されたセメントです。硬化した状態がイギリスのポートランド島で採掘されるポルトランド石に似ているため、この名称が付けられました。主な成分はP.18でも紹介したエーライト（ケイ酸三カルシウム）、ビーライト（ケイ酸二カルシウム）、アルミネート相（アルミン酸三カルシウム）、フェライト相（鉄アルミン酸四カルシウム）、石こうです。

混合セメントは、ポルトランドセメントに混和材の高炉スラグ（鉄鉱石を溶かす際に分離した、鉄以外の成分）や石炭の焼却灰（フライアッシュ）、シリカ質混合材などを混ぜたセメントです。これら混和材の働きによって、硫酸塩や海水に対する抵抗性や水密性、耐熱性を向上させたセメントといえます。

特殊セメントは、着色を容易にするために酸化第二鉄を少なくした白色のセメントや、岩盤の止水性を高めるために微粒子に粉砕したセメント、または緊急工事用の超速硬性のセメントなど、特殊な用途に使えるように改良したセメントです。

エコセメントは、生活ごみを清掃工場で焼却した際に発生する焼却灰や下水の汚泥などの廃棄物を原料にした、環境に配慮したセメントです。

生活ごみを用いてエコセメントを製造するしくみは、エコセメント事業として自治体などでも取り組んでいます。例えば、東京の八王子市、立川市、武蔵野市などの25市1町（2017年時点）で構成される「東京たま広域資源循環組合」では、2006年からエコセメント事業を開始し、生活ごみを有効利用するとともにごみ自体の削減にも努めています。
また、2021年の東京オリンピックで新設された競技施設にも、エコセメントが積極的に使われています。

▶各セメントの特徴と用途

セメントがさまざまなタイプや種類に分かれることは前項で説明したとおりですが、これらはクリンカ成分の構成比率や石こうの添加量、混合材料の種類と添加量などに違いがあります。それによって固まる速さや発熱量、耐久性、水密性なども異なっているのです。

各セメントの主な特徴と用途は次ページのとおりです。

【各セメントの特徴と用途】

セメント分類	セメント名称	特徴	用途
ポルトランドセメント	普通ポルトランドセメント	・セメントの中で最も多く生産され汎用性が高い。 ・国内で使用されるセメントの70%を占める。	・一般的な土木構造物や建築構造物 ・コンクリート二次製品
	早強ポルトランドセメント	・短期的に高い強度が得られる。	・緊急工事や寒冷期の工事 ・プレストレストコンクリートやコンクリート二次製品
	超早強ポルトランドセメント	・早強ポルトランドセメントよりさらに短期間で強度が得られる。	・緊急の補修工事
	中庸熱ポルトランドセメント	・水和熱が普通ポルトランドセメントより低い。 ・長期強度に優れ、乾燥収縮が少ない。 ・硫酸塩に対する抵抗性が大きい。	・ダムや大規模な橋脚 ・マスコンクリート ・舗装コンクリート
	低熱ポルトランドセメント	・水和熱が中庸熱ポルトランドセメントよりさらに低い。 ・長期にわたり強度を発揮する。 ・低熱性、高強度性、高流動性に対応している。	・マスコンクリート ・高強度コンクリート ・高流動コンクリート ・暑中コンクリート
	耐硫酸塩ポルトランドセメント	・アルミン酸三カルシウムは硫酸塩に対する抵抗性が弱いため、その含有量を極力少なくしたセメント。 ・硫酸塩に対する抵抗性が大きい。	・護岸 ・温泉地付近、化学工場の工事
混合セメント	高炉セメント	・製鉄所から出る高炉スラグの微粉末を混ぜたセメント。 ・ゆっくり固まる性質があるが長期強度に優れる。 ・耐海水性や化学抵抗性に優れる。 ・海水の作用を受けるコンクリートに適する。	・ダム、港湾など
	シリカセメント	・二酸化ケイ素を60%以上含んだ天然シリカ混合材を混ぜたセメント。 ・薬品に対する抵抗性が大きい。 ・ゆっくり固まる性質があり強度の発揮に時間がかかる。	・コンクリート二次製品
	フライアッシュセメント	・火力発電所で燃焼時に発生する石炭灰(フライアッシュ)を混合したセメント。 ・良質なフライアッシュは球形であるため、コンクリートのワーカビリティーが向上する。 ・水和熱が低く、乾燥収縮が少ない。 ・ゆっくり固まる性質があるが、長期強度に優れる。 ・緻密であるが中性化が早い。 ・海水の作用を受けるコンクリートに適する。	・ダム、港湾など ・水密性を要する構造物

特殊セメント	白色ポルトランドセメント	・セメントペーストの色が硬化後も白色になるように、酸化第二鉄をできるだけ少なくしたポルトランドセメント。	・各種構造物の表面仕上げ用
	アルミナセメント	・水硬性のアルミン酸三カルシウムを主成分とするクリンカを微粉砕して作られたセメント。 ・短期間で強度が得られ、耐火性・耐酸性にも優れている。	・緊急工事 ・化学工場や寒冷地の工事
エコセメント	普通エコセメント	・廃棄物問題の解決を目指して開発されたセメント。 ・塩化物イオン量の上限値を0.1%と規定。 ・高強度コンクリートには適用しない。	・鉄筋を使用しないコンクリート
	速硬エコセメント	・廃棄物問題の解決を目指して開発されたセメント。 ・塩化物イオン量を0.5%以上1.5%以下と規定。 ・高強度コンクリートには適用しない。	・鉄筋を使用しないコンクリート

コラム　水硬性セメントと気硬性セメント

　ここまで解説してきたセメントはすべて水中でも硬化する水硬性セメントです。現在はセメントといえばこの水硬性のものを指します。しかし、19世紀にポルトランドセメントが発明されるまでは、気硬性のセメントが主流でした。これは空気中でのみ固まるセメントで、P.29で広義のセメントとして紹介した石こうや石灰は気硬性セメントに該当します。気硬性セメントは空気中でしか硬化できないだけでなく、硬化後も大量の水に浸かると強度が低下するという弱点がありました。それらの弱点を解消した水硬性セメントの登場が、今日のセメントの普及につながったといえるでしょう。

▶セメントのJIS規格

　セメントの品質は、種類によってJISで規格が定められています。

【セメントのJIS規格】

ポルトランドセメント	JIS R 5210
高炉セメント	JIS R 5211
シリカセメント	JIS R 5212
フライアッシュセメント	JIS R 5213
エコセメント	JIS R 5214

第2章　コンクリートの材料　33

JIS規格による品質についてはP.34〜35の表のとおりです。

【セメントのJIS規格での品質基準①】

種類	項目	比表面積 cm²/g	水和熱(7日) J/g	水和熱(28日) J/g	強熱減量 %	全アルカリ %	塩化物イオン %	混合材の分量 %
ポルトランドセメント	普通	2,500以上	—	—	5.0以下	0.75以下	0.035以下	—
	普通(低アルカリ形)					0.6以下		
	早強	3,300以上	—	—	5.0以下	0.75以下	0.02以下	—
	早強(低アルカリ形)					0.6以下		
	超早強	4,000以上	—	—	5.0以下	0.75以下	0.02以下	—
	超早強(低アルカリ形)					0.6以下		
	中庸熱	2,500以上	290以下	340以下	3.0以下	0.75以下	0.02以下	—
	中庸熱(低アルカリ形)					0.6以下		
	低熱	2,500以上	250以下	290以下	3.0以下	0.75以下	0.02以下	—
	低熱(低アルカリ形)					0.6以下		
	耐硫酸塩	2,500以上	—	—	3.0以下	0.75以下	0.02以下	—
	耐硫酸塩(低アルカリ形)					0.6以下		
高炉セメント	A種	3,000以上	—	—	5.0以下	—	—	5超30以下
	B種	3,000以上	—	—	5.0以下	—	—	30超60以下
	C種	3,300以上	—	—	5.0以下	—	—	60超70以下
フライアッシュセメント	A種	2,500以上	—	—	5.0以下	—	—	5超10以下
	B種	2,500以上	—	—		—	—	10超20以下
	C種	2,500以上	—	—		—	—	20超30以下
シリカセメント	A種	3,000以上	—	—	5.0以下	—	—	5超10以下
	B種	3,000以上	—	—		—	—	10超20以下
	C種	3,000以上	—	—		—	—	20超30以下
エコセメント	普通	2,500以上	—	—	5.0以下	0.75以下	0.1以下	—
	速硬	3,300以上	—	—	3.0以下	0.75以下	0.5以上1.5以下	—

比表面積とは単位質量あたりの表面積のことで、大きいほど水和反応が早くなります。**水和熱**は水和反応が起きる際に生じる熱で、大きいと温度が上昇してひび割れの原因となります。**強熱減量**は主に風化現象で失われ

る質量です。ここでいう風化とはセメント粒子が空気中の湿気(水分)と結びつく現象のことで、自然に生じる水和反応ともいえるでしょう。

全アルカリはセメント中のアルカリ量のことで、多すぎるとアルカリシリカ反応という劣化現象が生じやすくなります。また、**塩化物イオン**も塩害という劣化現象の原因物質です。

混合材の分量は、混合セメント(高炉セメント、フライアッシュセメント、シリカセメント)のみに該当し、分量に応じてA種、B種、C種に区分されています。

【セメントのJIS規格での品質基準②】

種類	項目	ケイ酸二カルシウム %	ケイ酸三カルシウム %	アルミン酸三カルシウム %	圧縮強度(1日) N/mm²	圧縮強度(3日) N/mm²	圧縮強度(7日) N/mm²	圧縮強度(28日) N/mm²	圧縮強度(91日) N/mm²
ポルトランドセメント	普通	—	—	—	—	12.5以上	22.5以上	42.5以上	—
	早強	—	—	—	10.0以上	20.0以上	32.5以上	47.5以上	—
	超早強	—	—	—	20.0以上	30.0以上	40.0以上	50.0以上	—
	中庸熱	—	50以下	8.0以下	—	7.5以上	15.0以上	32.5以上	—
	低熱	40以上	—	6.0以下	—	—	7.5以上	22.5以上	42.5以上
	耐硫酸塩	—	—	4.0以下	—	10.0以上	20.0以上	40.0以上	—
高炉セメント	A種	—	—	—	—	12.5以上	22.5以上	42.5以上	—
	B種	—	—	—	—	10.0以上	17.5以上	42.5以上	—
	C種	—	—	—	—	7.5以上	15.0以上	40.0以上	—
フライアッシュセメント	A種	—	—	—	—	12.5以上	22.5以上	42.5以上	—
	B種	—	—	—	—	10.0以上	17.5以上	37.5以上	—
	C種	—	—	—	—	7.5以上	15.0以上	32.5以上	—
シリカセメント	A種	—	—	—	—	12.5以上	22.5以上	42.5以上	—
	B種	—	—	—	—	10.0以上	17.5以上	37.5以上	—
	C種	—	—	—	—	7.5以上	15.0以上	32.5以上	—
エコセメント	普通	—	—	—	—	12.5以上	22.5以上	42.5以上	—
	速硬	—	—	—	15.0以上	22.5以上	25.0以上	32.5以上	—

スキルUP!

JIS規格の中で特殊セメントついて扱われていないのは、特殊セメントがJIS規格外品であるためです。セメントメーカーによってさまざまな種類が開発されていて、低発熱用の高ビーライト系セメントや通常のセメントよりも粒が細かい超微粒子セメント、凝結・硬化の速い超速硬セメントなどもあります。

▶セメントの製造方法

セメントは、主にクリンカという焼成物からできています。その主原料は、石灰石と粘土やケイ石および鉄です。これらの原料を乾燥させて、細かく砕き混ぜます。次に、キルンと呼ばれる円筒形の窯（かま）に入れて、高温（1,450℃以上）で焼成します。焼成後に冷却してできあがる、こぶし大ほどの大きさの塊がクリンカです。クリンカもその原料によって種類が分けられており、品質などがJIS規格で定められています。

廃棄物焼却施設では、実はクリンカは厄介な存在です。焼却で生じたクリンカが、焼却炉の炉壁に付着したり空気穴を塞いでしまったりするのです。そのため、定期的にクリンカの除去作業を行っています。

クリンカの主な種類は、エーライト（ケイ酸三カルシウム）、ビーライト（ケイ酸二カルシウム）、アルミネート相（アルミン酸三カルシウム）、フェライト相（鉄アルミン酸四カルシウム）です。**クリンカは、それぞれの種類ごとに特徴があり、その組み合わせ方や混ぜる量によってセメントの性質が変わります。**

【クリンカの種類と特徴】

種類	エーライト（ケイ酸三カルシウム）	ビーライト（ケイ酸二カルシウム）	アルミネート相（アルミン酸三カルシウム）	フェライト相（鉄アルミン酸四カルシウム）
特徴	・水和反応は比較的速い ・初期、長期の強さに優れる ・水和熱は中程度 ・乾燥収縮は中程度 ・化学抵抗性は中程度 ・28日以内に強度が発現する	・水和反応が遅い ・水和熱が小さい ・乾燥収縮が小さい ・化学抵抗性に優れる ・28日以降の長期強度に寄与する	・水和反応が非常に速い ・水和熱は大きい ・乾燥収縮は大きい ・化学抵抗性に劣る ・1日以内に強度が発現する	・水和反応は中程度 ・水和熱は中程度 ・乾燥収縮は中程度 ・化学抵抗性は中程度 ・強度は中程度 ・エーライトの生成温度を下げる ・JIS規格では規定がない

これらのクリンカを混合・粉砕し、石こうを添加します。石こうは速く固まりすぎるのを防ぐ役割があります。こうしてできあがったものが、セメントとなります。

▶セメントの製造工程

　セメントの製造工程は、主に原料工程、焼成工程および仕上工程の3工程に分けられます。

　原料工程では、所定の成分比になるよう調合された原料を、原料ミルにて乾燥・粉砕します。粉砕された原料はサイロに送られ仮貯蔵された後に、原料同士を目的の化学組成になるよう混合してから、原料サイロに貯蔵します。ここまでが原料工程です。

　次に**焼成工程**に供給されます。焼成工程では、原料サイロから送られてきた混合原料をサスペンションプレヒーターという原料予熱装置で予熱した後、ロータリーキルン（回転窯）で約1,450℃に加熱し焼成します。この工程でクリンカが生成されます。クリンカを冷却機で約100℃まで急冷し、クリンカサイロに貯蔵します。

　最後に、**仕上工程**です。焼成工程でつくられたクリンカに、急硬化を防ぐために石こうを添加します。次にセメントミルで粉砕するとセメントができあがります。できあがったセメントはセメントサイロに貯蔵され、その後品質の確認が完了したセメントからトラックや運搬船などで出荷されます。

【 セメントの製造工程 】

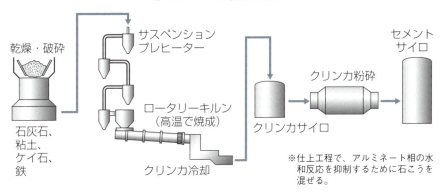

3 骨材

コンクリートの骨格として使われる砂や砂利などのことを骨材といいます。砂や砂利のような天然に産出するものだけでなく、人工的につくられた骨材も活用されています。

▶骨材の役割

石のように固くて丈夫な構造物をつくるためには、極端な話として構造物に合わせた寸法で石を切って加工すればいいのですが、それは現実的に考えて不可能なことです。そこで、川にあるような砂利などを型枠に詰めて、砂ですきまを埋め、糊で固めれば石のように硬い構造物、つまりコンクリート構造物ができます。**コンクリートをつくる際に使用する砂、砂利、砕砂、砕石などを骨材といいます。骨材は、石のように固い構造物をつくる際の骨格となる主要な材料なのです。**

コンクリートは、骨材を糊で固めるわけですが、その糊の役目はセメントが担います。セメントは骨材に比べて高価な材料なので、建設用の材料としてコンクリートを使用するには他のコストを下げる必要があります。

また、コンクリートの弱点として、固まる際に発生する熱が高温だと、冷えたときにひび割れが発生することがあります。セメント量を増やすとひび割れに強くなりますが、セメントの割合が増えたことで内部に熱がたまりやすくなり、むしろひび割れを招く場合もあります。以上の理由から**骨材を使うことで、強固かつ安い、熱も少ない耐久性のあるコンクリートができるのです。**

また、コンクリートのもう1つの弱点として、固まった後に太陽の熱でコンクリートが伸びたり、冬の冷たい風によって縮んだりすることでひび割れが発生します。そこで、**骨材をぎっしりと詰めることで、コンクリートの伸び縮みを減少することができます。**

一例を挙げると、昭和初期に建設されたコンクリートアーチ橋の調査をした際に、供試体を採取してコンクリートの圧縮強度試験を行ったとこ

ろ、その表面には固い骨材がぎっしり詰まっており、70年経過したコンクリートとはとても思えないほど緻密でしっかりとしたものでした。圧縮強度も良好で、骨材が担う役割の重要性がよくわかる事例となりました。

このように、骨材はコンクリートの弱点を補う重要な役割を持つ材料なのです。

▶骨材の分類

骨材には砂や砂利、砕砂、砕石、スラグ骨材などがあります。粒の大きさによって細骨材と粗骨材に区分されています。
- **細骨材**：10mm網ふるいを全部通過し、5mm網ふるいを質量で85％以上通過する骨材
- **粗骨材**：5mm網ふるいに質量で85％以上留まる骨材

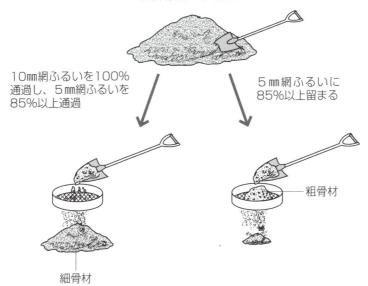

[細骨材と粗骨材]

第2章 コンクリートの材料

また、製造方法から**天然軽量骨材**や**人工軽量骨材**、**再生骨材**などにも区分されています。

【骨材の区分】

天然軽量骨材	火山作用などによって天然に産出する骨材
人工軽量骨材	けつ岩、フライアッシュなどを原料として人工的につくった骨材
再生骨材	解体したコンクリート塊などの廃材を、破砕などの処理を行うことによって製造した骨材

▶骨材の含水状態と物理的性質

骨材の品質を把握するための重要な要素の1つが水分です。骨材に含まれている水分の状態（含水状態）について、次の4種類に区分しています。

- **絶対乾燥状態（絶乾状態）**：骨材を炉で乾燥させて完全に水分をなくした状態。
- **空気中乾燥状態（気乾状態）**：自然乾燥によって骨材の表面と内部の一部が乾燥している状態。
- **表面乾燥飽水状態（表乾状態）**：表面は乾燥していて内部は水分で満たされた状態。
- **湿潤状態**：内部が水分で満たされていて外部にも水分が付着している状態。

第3章で解説する配合設計では、表乾状態の骨材を基準とするのが一般的です（P.64参照）。

また、骨材で考慮すべき物理的性質には次のようなものがあります。

① **密度**：骨材の密度には**絶乾密度**（絶対乾燥状態の密度）と**表乾密度**（表面乾燥飽水状態の密度）があります。岩石の種類の違いによっても密度は異なります。

② **単位容積質量**：骨材を容器に詰めた状態での単位容積あたりの質量です。一般的には、骨材の最大寸法が大きいほど単位容積質量は大きくなります。**単位容積質量が大きいほど骨材の粒形が優れているといえます。**

③ **吸水率**：絶乾状態の骨材質量に対する表乾状態の水分量の割合です。吸水率が大きい骨材は、安定性試験による損失質量やすり減り減量が大きく、コンクリートの強度発現性や耐久性に悪影響をおよぼします。

④ **表面水率**：表乾状態の骨材質量に対する骨材の表面に付着している水分

量の割合。

⑤**実積率**：絶乾密度に対する単位容積質量の割合で、**実積率が大きいほど粒形がよく、コンクリートに適しているといえます。**

⑥**粗粒率**：定められたふるいで骨材をふるい分けたときに、各ふるいに留まる骨材の質量の百分率を合計した数値をいいます。**粗粒率が小さいほど、細かい骨材が多いということになります。**

⑦**気乾含水量**：気乾状態での水分量から絶乾状態の水分量を除いた量。

⑧**有効吸水量**：表乾状態での水分量から気乾状態の水分量を除いた量。

⑨**吸水量**：表乾状態での水分量から絶乾状態の水分量を除いた量。

⑩**表面水量**：湿潤状態での水分量から表乾状態の水分量を除いた量。

⑪**含水量**：湿潤状態の水分量から絶乾状態の水分量を除いた量。

[骨材の含水状態]

骨材は、コンクリート中の容量の約7割を占める材料です。したがって、骨材の品質はコンクリートのさまざまな性質に対して大きな影響を与えます。よい品質のコンクリートを製造するためには、良質な天然骨材を用いるのが一般的です。この場合の**良質な骨材とは、絶乾密度が大きくて、硬く、吸水率が小さい、形状や大きさも適度であるものをいいます。**

ただ現実的には、資源量や環境的観点から良質な骨材だけを使用するのが困難で、品質の異なるさまざまな骨材が用いられる場合もあるでしょう。しかし品質の低い骨材を使用すると、アルカリシリカ反応や中性化、塩害などの劣化現象や膨張などの有害反応が生じやすくなります。そのため、使用する骨材については慎重に検討しましょう。

第2章　コンクリートの材料　**41**

▶骨材の種類と特徴

　骨材の種類は下表のとおりです。目的、用途に応じて、それぞれの特徴を生かして使われています。

【骨材の種類と特徴】

種類		特徴
砕石・砕砂		・粗骨材に砕石を使うと、川砂利よりペーストとの付着がよくなるため、圧縮強度は若干高くなる。 ・砕石は角があるため、コンクリートのワーカビリティーは砂利より劣る。 ・砂利と比べると、同じ程度のスランプを確保するためには単位水量が多く必要になる。 ・砕石の砕砂には有機不純物が含有されにくい。
砂利・砂		・砂の品質では塩化物量（塩化ナトリウム）が0.04%以下に規定されている。 ・シルトや粘土が多い山砂を使用したコンクリートは、収縮ひび割れが生じやすい。 ・川砂・川砂利には泥土や軟石などが含有されやすい。
スラグ骨材	高炉スラグ骨材	・細骨材と粗骨材がある。 ・高炉スラグ細骨材は、溶鉱炉で銑鉄と同時に生成する溶解スラグを水や空気で急冷し砂状に調整したもの。 ・高炉スラグ粗骨材は、溶鉱炉で銑鉄と同時に生成する溶解スラグを徐冷し、粒度を調整したもの。
	フェロニッケルスラグ骨材	・ステンレス鋼の原料であるフェロニッケルを製錬するときに発生する副産物（フェロニッケルスラグ）を徐冷または急冷し、粒度を調整したもの。 ・細骨材だけが規定されており、粒度により区分されている。 ・主成分がケイ酸と酸化マグネシウムで、ガラス質の物質である。 ・天然の砂と比べると密度が高いため、重量が必要な消波ブロックなどのコンクリートに使用される。 ・ガラス質であるため、コンクリートのブリーディング※量は普通細骨材を用いたときに比べて多くなり、耐凍害性が低下する。 ・高温高圧養生を行うコンクリートには適用しない。
	銅スラグ骨材	・絶乾密度が3.2以上と高い。 ・銅スラグ細骨材の混合率を大きくすると、ブリーディングが生じやすい。
	電気炉酸化スラグ骨材	・絶乾密度が4.0以上4.5未満と高い。
再生骨材H		・再生骨材Hは、普通コンクリートおよび舗装コンクリートに適用する。 ・コンクリート用再生骨材HはJIS A 5308で使用が認められている。 ・コンクリート用再生骨材Hは、絶乾密度、吸水率、微粒分量、塩化物含有量、不純物の合計が規定されている。 ・コンクリート用再生骨材Hは、絶乾密度、吸水率、微粒分量、塩化物含有量、不純物の合計とすり減り減量が規定されている。
構造用軽量コンクリート骨材	人工軽量骨材	・絶乾密度、実績率、コンクリートの圧縮強度、フレッシュコンクリートの単位容積質量が規定されている。 ・絶乾密度により、L、M、Hの区分に分かれる。 ・人工軽量骨材は、コンクリートの単位容積質量を小さくするために使われる。

※ブリーディングとは、施工後にまだ固まっていない状態のコンクリート（フレッシュコンクリート）の中で、セメント粒子や骨材が沈殿するのにともなって水がコンクリート上面に浮き出てくる現象。コンクリートの品質低下の原因となるので、ブリーディング量は少ないほうが望ましい。

▶骨材のJIS規格

骨材の種類と品質は、JIS規格で定められています。

【骨材のJIS規格】

砂利および砂	JIS A 5308
構造用軽量コンクリート用骨材	JIS A 5002
コンクリート用砕石および砕砂	JIS A 5005
コンクリート用スラグ骨材・高炉スラグ骨材	JIS A 5011-1
コンクリート用スラグ骨材・フェロニッケルスラグ骨材	JIS A 5011-2
コンクリート用スラグ骨材・銅スラグ骨材	JIS A 5011-3
コンクリート用スラグ骨材・電気炉酸化スラグ骨材	JIS A 5011-4
コンクリート用再生骨材H	JIS A 5021

JIS規格による骨材ごとの主な品質は以下のとおりです。

【骨材のJIS規格での品質基準】

種別		絶乾密度 （g/cm³）	吸水率 （%）	微粒分量 （%）	単位容積質量 （kg/L）
天然骨材	砂利	2.5以上	3.0以下	1.0以下	―
	砂	2.5以上	3.5以下	3.0以下	―
砕石・砕砂	砕石	2.5以上	3.0以下	3.0以下	―
	砕砂	2.5以上	3.0以下	9.0以下	―
高炉スラグ骨材	粗骨材L	2.2以上	6.0以下	5.0以下	1.25以上
	粗骨材N	2.4以上	4.0以下	5.0以下	1.35以上
	細骨材	2.5以上	3.0以下	7.0以下	1.45以上
フェロニッケル スラグ骨材	細骨材	2.7以上	3.0以下	―	1.50以上
銅スラグ骨材	細骨材	3.2以上	2.0以下	―	1.80以上
電気炉酸化スラグ 骨材	粗骨材N	3.1以上4.0未満	2.0以下	5.0以下	1.6以上
	粗骨材H	4.0以上4.5未満	2.0以下	5.0以下	2.0以上
	細骨材N	3.1以上4.0未満	2.0以下	7.0以下	1.8以上
	細骨材H	4.0以上4.5未満	2.0以下	7.0以下	2.2以上
再生骨材H	粗骨材	2.5以上	3.0以下	1.0以下	―
	細骨材	2.5以上	3.5以下	7.0以下	―
再生骨材M	粗骨材	2.3以上	5.0以下	2.0以下	―
	細骨材	2.2以上	7.0以下	8.0以下	―

第2章　コンクリートの材料　**43**

再生骨材L	粗骨材	—	7.0以下	3.0以下	—
	細骨材	—	13.0以下	10.0以下	—
人工軽量骨材	粗骨材	L：1.0未満 M：1.0以上1.5未満 H：1.5以上2.0未満	—	—	—
	細骨材	L：1.3未満 M：1.3以上1.8未満 H：1.8以上2.3未満	—	10.0以下	—

天然骨材の砂利や砂、砕石、砕砂は原料が天然素材であり、絶乾密度や吸水率、微粒分量などが規定されています。

スラグ骨材は、原料が産業副産物であるため、上記に加えて単位容積質量についても規定されています。また、環境安全性を踏まえて、カドミウムや水銀などの有害物質の含有量と溶出量の上限値も規定されています。

再生骨材は、構造物の解体などで発生したコンクリート塊などを原料としていて、H、M、Lの区分があります。Hは破砕や磨砕、分級などの高度な処理を行い製造したもので、一般用途のコンクリートに使用されます。MはHよりも簡易的な処理で製造したもので、乾燥収縮や凍結融解の影響を受けにくい箇所のコンクリートで使用されます。Lは破砕処理のみでつくられた骨材で、強度や耐久性がそれほど重視されない箇所のコンクリート向けです。これらの再生骨材には、タイルやガラス片などの不純物の上限値が規定されています。

人工軽量骨材は、コンクリートを軽くするためにつくられた骨材です。絶乾密度や微粒分量のほかに塩化物含有量の上限値も規定されています。

コラム　人工軽量骨材はいつから登場した？

人工軽量骨材の歴史は意外と古く、日本では1960年代にアメリカから技術導入され、1964年に国内での製造に成功しました。1973年には年間出荷量がピーク（約185万m³）を迎えますが、オイルショックの影響による価格高騰をきっかけに徐々に出荷量が減少していき、2000年代以降はピーク時の1／4以下に低迷しています。

その一方で、近年は高断熱化や超軽量化などの技術開発も進んでいて、新たな用途による復活もあるかもしれません。

▶骨材に含まれる有害物質

　骨材には、有機不純物や軟石および粘土塊、塩化物、軽粒分、微粒分などの有害物質（不純物）が含まれていることが多いです。これらはコンクリートの強度や耐久性に悪影響をおよぼすため、含有量に注意しなければなりません。主な有害物質と、コンクリートにおよぼす影響は以下のとおりです。

【有害物質とコンクリートにおよぼす影響】

有害物質(不純物)	対象となる主な骨材	コンクリートにおよぼす影響
有機不純物	河川産骨材 山陸産骨材	泥炭や腐食工にはフミン酸やタンニン酸などの有機物が含まれており、コンクリートの凝結異常を起こしたり、強度や耐久性を低下させたりする。
軟石	天然骨材 砕石・砕砂	やわらかい石片はすり減り抵抗性が劣るため、表面の硬さが要求される構造物には不適切である。
粘土塊	山陸産骨材	コンクリート中の軟弱点となり、強度や耐久性を低下させる。
塩化物	海浜産骨材 銅スラグ骨材の一部	鉄筋などの鋼材の腐食を促進させる。
軽粒分 石炭・亜炭	山陸産骨材	石炭や亜炭に含まれる硫黄分の酸化の影響により、強度低下や耐摩耗性の低下および表面部の破損などが起こり、耐久性を低下させる。
微粒分	天然骨材：泥分 砕石・砕砂：石粉 再生骨材：泥分、石粉	泥分は、単位水量の増加やブリーディング量の減少および凝結時間の変化、レイタンス量の増加が問題となる。 石粉は、多すぎると泥分と同様の悪影響をおよぼす。
その他 有害鉱物	すべての骨材 （高炉スラグ骨材を除く）	最も代表的なものは、アルカリシリカ反応性鉱物であり、コンクリートに膨張性のひび割れを発生させる。

　コンクリートの品質を損なわないためには、これらの有害物質をできるだけ含まないことが重要になります。JIS規格でも「骨材にはごみや泥、有機不純物、その他コンクリートに有害なものを含んではならない」と規定しています。

第2章　コンクリートの材料　**45**

4 練混ぜ水

　水和反応を発生させてコンクリートを固めるためには水の存在が欠かせません。このような水を練混ぜ水と呼びます。一口に水といっても種類はさまざまで、品質も規定されています。

▶練混ぜ水の役割

　コンクリートの接着剤となるセメントペーストはセメントと水からできていて、両者が水和反応を起こすことで固まります。つまり、**水がないと固まりません**。このような**コンクリートの材料として使用する水のことを練混ぜ水といいます**。

　また、練混ぜ水はコンクリートの凝結だけでなく、硬化後のコンクリートの性質や混和剤の性能、鉄筋の発錆や腐食などにも大きく影響をおよぼします。良質なコンクリートをつくるためには、よりよい品質の練混ぜ水を用いることが必須なのです。

コラム　海水は練混ぜ水として使用できる?

　海水に含まれる塩分が鉄筋コンクリートなどの劣化を起こすため、海水の使用は基本的に認めらていません。ただし、過去には練混ぜ水に海水が使われたケースもあります。例えば、日本最南端の島として知られる沖ノ鳥島の護岸です。淡水の調達が難しい環境のため海水を利用し、現在もこの護岸が使われています。また、世界遺産にも登録されている軍艦島(端島)にある建物や護岸にも海水が使われていたようです。

　このように海水を使った構造物が長期間供用できている実例があるので、海水利用も研究されています。また、実際に海水練りコンクリートを開発した企業も出てきています(P.229参照)。

▶練混ぜ水の種類

練混ぜ水は、一般的に**上水道水**、**上水道水以外の水**および**回収水**に分けられます。

【練混ぜ水の種類】

種類	解説
上水道水	飲料用の水。
上水道水以外の水	河川水、湖沼水、井戸水、地下水などとして採水され、特に上水道水としての処理がなされていない水や工業用水。
回収水	トラックアジテータのドラムやプラントのミキサ、ホッパなどの洗浄水や、戻り生コン(現場から戻されたコンクリート)を処理して得られる水の総称。

上水道水は問題なく使用することができますが、それ以外の水を使用する場合は、品質確認が必要です。

地下水には特殊な成分が溶解していたり、河川水には家庭や工場からの排水による洗剤や各種物質が含まれていたりする場合があります。また河口付近では、海水が混入している場合もあるので注意が必要です。

回収水とは、ミキサ車や工場設備などの洗浄に用いられた水のことを指し、上澄水とスラッジ水があります。上澄水は上澄みとして得られる水で、コンクリートの強度やワーカビリティーなどに悪影響がないことが確認できれば、練混ぜ水として使用できます。スラッジ水はセメント分などの固形分が混じったもので、固形分率が単位セメント量(重量比)の3%を超えるものは使用できません。スラッジ水を使用する際は、固形分率を把握したうえで、配合調整を行う必要があります。

> **スキルUP!**
>
> 2種類以上の水を混合して使用する場合、それぞれ品質規格に合格したものでなければ使うことはできません。また、高強度コンクリートには回収水を使ってはいけません。

ちなみに、コンクリートの養生に用いる水については、水の種類に規定はありません。ただ、コンクリート標準示方書では、「油・酸・塩類などのコンクリート表面を侵す物質を含んでいてはならない」と記載されています。

第2章 コンクリートの材料 **47**

ところで、練混ぜ水に含まれる塩類も、コンクリートの凝結や強度などに影響をおよぼします。具体的な塩の種類と影響については下表のとおりです。

【練混ぜ水中の塩の種類と影響】

塩の種類＼影響	凝結	強度	収縮
塩化ナトリウム	やや促進性がある	長期強度を低下させる	大きい
塩化カルシウム	促進性がある	初期強度を増大させる	大きい
塩化アンモニウム	促進性がある	短期強度を増大させる	大きい
炭酸ナトリウム	促進性が著しいため異常凝結する	長期強度を低下させる	大きい
硫酸カリウム	少ない	少ない	少ない
硝酸カルシウム	促進性がある	長期強度を低下させる	大きい
硝酸鉛	遅延性が著しい	初期強度を低下させる	少ない
硝酸亜鉛	遅延性が著しいため異常凝結する	初期強度の低下が著しい	―
ホウ酸	異常凝結の傾向がある	全体的に低下させる	やや大きい
フミン酸ナトリウム	遅延性が著しい	全体的に低下させる	やや大きい

※いずれも濃度が10,000ppmの場合。

▶練混ぜ水のJIS規格

練混ぜ水の品質基準については、JIS A 5308に定められています。なお、上水道水については使用の制限がないため、JIS規格では扱っていません。

【練混ぜ水のJIS規格での品質基準】

項目	上下水道以外の水	回収水
懸濁物質の量	2g/L以下	―
溶解性蒸発残留物の量	1g/L以下	―
塩化物イオン(Cl⁻)の量	200mg/L以下	
セメントの凝結時間の差	始発は30分以内、終結は60分以内	
モルタルの圧縮強度の比	材齢7日および材齢28日で90%以上	

▶水の体積変化

水は、温度変化による体積の変化がとても大きい物質です。そのため、ほかのコンクリート材料に比べて温度変化に注意をはらう必要があります。

例えばマスコンクリートは、常温で打設したものが60℃を超える温度まで上昇することがあります。このような場合、練混ぜ水を減らすことで体積変化を小さくすることができます。

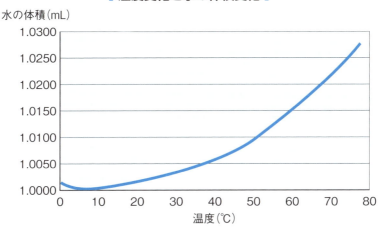

【 温度変化と水の体積変化 】

通常、練混ぜ水の量が多いほうが施工性は向上しますが、**よりよい品質のコンクリートをつくるためには、水の量をなるべく少なくするほうが望ましいです。**

詳しくは第3章で説明しますが、水セメント比が小さいほど、強度の大きいコンクリートになります。

5 混和材料

　混和材料はコンクリートの品質を改善させるために使われるものです。混和剤と混和材に分かれていて、どちらも現在のコンクリート製造において、なくてはならない存在といえます。

▶混和材料の役割

　混和材料とは、コンクリートの品質を改善することを目的としてコンクリートに混ぜる薬剤の総称です。JISの定義では「セメント・水・骨材以外の材料で、コンクリートなどに特別な性質を与えるために、打込みを行う前までに必要に応じて加える材料」としています。

　コンクリートはセメントと骨材に水を加えることで固まり、建設材料として使用されます。しかし、使用しているうちにさまざまな課題が出てきます。例えば、施工のしやすさです。ぼそぼそとしたコンクリートより、流動性のあるほうが施工がしやすくなります。その反面、コンクリートに水を加えればやわらかくなるのですが、水が多すぎると強度は低下します。よって、水を加えずに流動性をもたせる方法が必要となります。

　ほかにもコンクリートの収縮によるひび割れをなくす方法、固まる時間を調整する方法、鉄筋の腐食を防止する方法、凍害に強いコンクリートにする方法など、品質や周辺環境、施工条件に関連する課題が次から次へと出てきます。

　このような課題に応じてコンクリートの品質を高める役割を果たすのが混和材料なのです。

▶混和材料の分類

　混和材料は、**少量で用いる液体の混和剤**と、**使用量が比較的多い紛体の混和材**に分類されます。

【混和剤と混和材】

混和材料	混和剤	使用量が比較的少なく、それ自体の容積がコンクリートなどの練上がり容積に算入されないもの。
	混和材	使用量が比較的多く、それ自体の容積がコンクリートなどの練上がり容積に算入されるもの。

　現在は、さまざまな混和材料が実用化されており、これによってコンクリートの品質改善や高性能化が可能となっています。

▶混和剤の種類と特徴

　混和剤は、主にレディーミクストコンクリートの流動性を維持しながら練混ぜ水を減らすために使われる薬剤です。 使用量は混和剤の種類によって異なりますが、セメントの質量に対して数％程度です。

　コンクリートの品質を改善するために用いる「コンクリート用化学混和剤」とコンクリートに特定の機能を与える「その他の混和剤」に分けられます。

【 混和剤の性質 】

混和剤を添加すると流動性が高まる

第2章　コンクリートの材料

混和剤の種類と特徴は下表のとおりです。

【混和剤の種類と特徴】

種類		特徴
化学混和剤	AE剤	独立した微細な気泡（エントレインドエア）を連行させることにより、コンクリートのワーカビリティーや耐凍害性を改善する。
	減水剤	セメントに対する分散作用により減水効果を発揮する。
	高性能減水剤	通常の減水剤より高い減水性能があり、高強度コンクリートに使用される。一方で、比較的短時間で分散力が低下する性質があり、スランプロスが生じる欠点がある。
	AE減水剤	減水剤とAE剤の作用を併せもち、減水剤よりも大きな減水効果がある。
	高性能AE減水剤	空気連行性能を有し、減水剤の中でも特に高い減水性能がある。高性能減水剤のスランプロスを改善する目的で開発された。
	流動化剤	あらかじめ練り混ぜられたコンクリートに添加し、コンクリートの流動性を増大させる。
その他	防錆剤	鉄筋コンクリート中の鉄筋が、使用材料中に含まれる塩化物によって腐食するのを抑制する。

AE剤は、コンクリート中に微細な気泡（エントレインドエア）を連行し、凍害（P.198参照）への抵抗性を向上させるための混和剤です。また、この気泡にはレディーミクストコンクリートの流動性を高める効果もあるため、同じ目的で使用する水の量を減らすことができ、強度の向上にもつながります。

一方、**減水剤**はセメント粒子に吸着して静電気による反発力で粒子を分散させる効果があります。粒子同士の結合を解くことで、セメントの流動性が高まり、減水効果を発揮します。

【 減水剤のしくみ 】

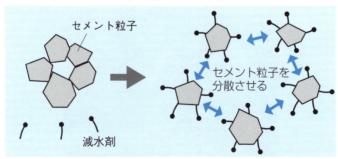

そして、**AE剤の特徴と減水剤の特徴を併せもつ混和剤がAE減水剤で
す**。単位水量の減少やセメントの水和効率の増大などの効果が期待できま
す。なお、減水剤とAE減水剤には、標準形・遅延形・促進形があり、気
候条件によって使い分けされています。

　流動化剤は他の混和剤と異なり、入荷したレディーミクストコンクリー
トの流動性を現場で調整する後添加の混和剤です。夏場など気温が高い時
期はレディーミクストコンクリートの温度も上昇します。これによって水
和反応が活発になり、凝結が早まり流動性が低下してしまうため、ワーカ
ビリティーを改善することを目的として使用されます。

　防錆剤は鉄筋コンクリート中の鉄筋腐食を抑制する効果をもつ成分を含
んだ混和剤で、「その他の混和剤」に該当します。

▶混和剤のJIS規格

　混和剤のうち、化学混和剤についてはJIS A 6204で規定されています。
　減水剤とAE減水剤には、凝結時間の特性が異なる標準形・遅延形・促
進形があり、高性能AE減水剤と流動化剤には標準形、遅延形があります。
それぞれで品質基準が定められています。

【化学混和剤のJIS規格での品質基準】

項目		AE剤	減水剤			高性能減水剤
			標準形	遅延形	促進形	
減水率	%	6以上	4以上	4以上	4以上	12以上
ブリーディング量の比	%	—	—	100以下	—	—
ブリーディング量の差	cm³/cm²	—	—	—	—	—
凝結時間の差分	始発	−60〜+60	−60〜+90	+60〜+210	+30以下	+90以下
	終結	−60〜+60	−60〜+90	0〜+210	0以下	+90以下
圧縮強度比(%)	材齢7日	95以上	110以上	110以上	115以上	115以上
	材齢28日	90以上	110以上	110以上	110以上	110以上
長さ変化比	%	120以下	120以下	120以下	120以下	110以下
凝結融解に対する抵抗性		60以上	—	—	—	—
経時変化量	スランプ(cm)	—	—	—	—	—
	空気量(%)	—	—	—	—	—

第2章　コンクリートの材料　**53**

項目		AE減水剤			高性能AE減水剤		流動化剤	
		標準形	遅延形	促進形	標準形	遅延形	標準形	遅延形
減水率	%	10以上	10以上	8以上	18以上	18以上	—	—
ブリーディング量の比	%	70以下	70以下	70以下	60以下	70以下	—	—
ブリーディング量の差	cm^3/cm^2	—	—	—	—	—	0.10以下	0.20以下
凝結時間の差分	始発	−60〜+90	+60〜+210	+30以下	−60〜+90	+60〜+210	−60〜+90	+60〜+210
	終結	−60〜+90	0〜+210	0以下	−60〜+90	0〜+210	−60〜+90	0〜+210
圧縮強度比（%）	材齢7日	110以上	110以上	115以上	125以上	125以上	90以上	90以上
	材齢28日	110以上	110以上	110以上	115以上	115以上	90以上	90以上
長さ変化比	%	120以下	120以下	120以下	110以下	110以下	120以下	120以下
凝結融解に対する抵抗性		60以上	60以上	60以上	60以上	60以上	60以上	60以上
経時変化量	スランプ（cm）	—	—	—	6.0以下	6.0以下	4.0以下	4.0以下
	空気量（%）	—	—	—	±1.5以内	±1.5以内	±1.0以内	±1.0以内

▶混和材の種類と特徴

　混和材は、コンクリートの品質改善や高性能化を主な目的として使用される産業副産物で、ほとんどが粉状です。使用方法にはセメントの一部と置き換えて使用する**内割り**とセメントに付加する**外割り**があります。

　使用量は混和材によって異なりますが、一般的にはセメント量の10〜30％程度です。ただし、高炉スラグ微粉末に関しては、他と比べて使用量が多く、セメント量の60〜70％も使用する場合があります。

　混和材の種類とその主な特徴は以下のとおりです。

【混和材の種類と特徴】

種類	特徴
高炉スラグ微粉末	・銑鉄を製造する際に発生する高炉水砕スラグを微砕したもの。 ・潜在水硬性がある。 ・初期に湿潤養生を行うことにより、長期間にわたり強度が増加する。 ・コンクリートに添加した場合、水和熱の抑制や水密性・海水に対する化学抵抗性が向上する。 ・アルカリシリカ反応を抑制する。 ・中性化しやすい欠点がある。

フライアッシュ	・フライアッシュ自体には水硬性はない。 ・コンクリートに添加した場合、ポゾラン反応※によって長期間にわたり強度が増加する。 ・水和熱を低減させるため、マスコンクリートなどに使用される。 ・未燃炭素の含有量が多いと連行空気量が減少するため、AE剤の量を増やす必要がある。 ・高炉スラグ微粉末と同様に、コンクリートの水密性や海水に対する抵抗性が向上する。 ・中性化しやすい欠点がある。
シリカフューム	・電気炉でのフェロシリコン製造の際に発生する排ガスを集塵したもの。 ・非結晶の二酸化ケイ素を主成分とする球状の微粒子。 ・マイクロフィラー効果とポゾラン反応によりコンクリートを緻密にする効果がある。 ・コンクリートの高強度化や化学抵抗性に寄与する。 ・コンクリートの流動性を向上させる。 ・自己収縮は無混入のものより大きい。
石灰石微粉末	・石灰石を微粉砕して製造したもの。 ・不活性のため潜在水硬性はなく、コンクリート強度を増加させる効果もない。 ・コンクリートの流動性を向上させ、水和熱を低減させる。 ・材料分離抵抗性を向上させる。 ・高流動コンクリートの水和熱を低減させるために使用される。
膨張材	・膨張材の区分はなく、二酸化ケイ素の量と物理的性質が規定されている。 ・水和反応によってエトリンガイトや水酸化カルシウムなどの結晶を生成する。 ・コンクリートを膨張させ、乾燥収縮によるひび割れを抑制する。

※シリカとアルミナを主な組成とするポゾランが、常温で水酸化カルシウムとゆっくり反応し、結合能力をもった化合物を生成する現象。

①**高炉スラグ微粉末**：高炉から排出されたスラグを急冷後、微粉砕した粉体です。アルカリ性の刺激を受けることで硬化し、緻密な硬化組織が形成されます。コンクリートに混和することで、水和熱による温度上昇を抑制し、温度ひび割れを低減することができます。

②**フライアッシュ**：石炭火力発電所などの微粉炭燃焼ボイラから出る排ガスに含まれる微粒子分を集塵機で集めたものです。粒子が球形であり、流動性を高めて単位水量を低減することができます。フライアッシュをセメントの一部と代替して使用した場合、水和熱の発生が抑制されるので、マスコンクリートに適しています。

③**シリカフューム**：金属シリコンやフェロシリコンを製造する際に出る排

第2章　コンクリートの材料　**55**

ガスを、集塵機で集めたものです。形状は0.1μmの超微粒子で球形の粉体です。シリカフュームをセメントと置換したコンクリートは、高性能AE剤と併用することにより、所要の流動性が得られ、ブリーディングや材料分離が少なくなる効果もあります。また、多量に使用することにより、アルカリシリカ反応の抑制効果も期待できます。

④**石灰石微粉末**：炭酸カルシウムの岩石である石灰石を粉末状にしたものです。高流動コンクリートの粉体の量を確保して材料分離の抵抗性を高める目的で使われることが多いですが、強度や流動性の向上も見込めます。

⑤**膨張材**：セメントと水の水和反応によって、エトリンガイトまたは水酸化カルシウムの結晶を生成し、コンクリートを膨張させる作用がある混和材です。膨張材を混ぜたコンクリートは、膨張コンクリートと呼ばれます（P.159参照）。乾燥収縮によるひび割れの低減を目的として使用される場合と、膨張力を鉄筋などで拘束して、コンクリートに圧縮力を生じさせる（ケミカルプレストレス）目的で使用される場合があります。風化しやすく、貯蔵方法に注意が必要です。

▶混和材のJIS規格

混和材のJIS規格での品質基準は以下のとおりです。

【高炉スラグ微粉末のJIS規格での品質基準（JIS A 6206）】

項目		種類	高炉スラグ微粉末 3,000	高炉スラグ微粉末 4,000	高炉スラグ微粉末 6,000	高炉スラグ微粉末 8,000
比表面積		cm²/g	2,750以上 3,500未満	3,500以上 5,000未満	5,000以上 7,000未満	7,000以上 10,000未満
密度		g/cm³	2.80以上			
強熱減量		%	3.0以下			
塩化物イオン		%	0.02以下			
活性度指数	材齢7日	%	―	55以上	75以上	95以上
	材齢28日	%	60以上	75以上	95以上	105以上
	材齢91日	%	80以上	95以上	―	―

【フライアッシュのJIS規格での品質基準（JIS A 6201）】

項目	種類		フライアッシュ Ⅰ種	フライアッシュ Ⅱ種	フライアッシュ Ⅲ種	フライアッシュ Ⅳ種
比表面積		cm^2/g	5,000以上	2,500以上	2,500以上	1,500以上
密度		g/cm^3	1.95以上			
強熱減量		%	3.0以下	5.0以下	8.0以下	5.0以下
塩化物イオン		%	―	―	―	―
活性度 指数	材齢7日	%	―	―	―	―
	材齢28日	%	90以上	80以上	80以上	60以上
	材齢91日	%	100以上	90以上	90以上	70以上
膨張性	材齢7日	%	―	―	―	―
	材齢28日	%	―	―	―	―
二酸化ケイ素		%	45.0以上			
粉末度45μm ふるい残量		%	10以下	40以下	40以下	70以下

【シリカフューム・膨張材のJIS規格での品質基準】

項目	種類		シリカフューム （JIS A 6207）	膨張材 （JIS A 6202）
比表面積		cm^2/g	150,000以上	2,000以上
強熱減量		%	4.0以下	3.0以下
塩化物イオン		%	0.10以下	0.05以下
活性度指数	材齢7日	%	95以上	―
	材齢28日	%	105以上	―
膨張性	材齢7日	%	―	0.025以上
	材齢28日	%	―	−0.015以上
二酸化ケイ素		%	85.0以上	

　なお、項目に挙がっている**活性度指数**とは、普通ポルトランドセメントを用いた基準のモルタルの圧縮強度に対する、混和材と普通ポルトランドセメントを用いてつくった試験モルタルの圧縮強度の比を百分率で表した値です。この数値が大きいほど混ぜたときに発現する強度が高いことを意味します。

第2章　コンクリートの材料

コラム

■コンクリートは地球環境に優しい素材

　第2章では、コンクリートの主な材料について解説してきました。実は、ここで紹介したセメントや骨材、混和材などの原料には産業廃棄物や産業副産物が多数使われています。近年のコンクリート製造では廃棄物以外を利用することのほうが少なくなっているといっても過言ではありません。

　例えば、セメントの場合、原料として利用される産業廃棄物には石灰石や浄水・下水汚泥、都市ごみの焼却灰、汚染土壌などがあります。これらの廃棄物にはケイ酸、アルミニウム、カルシウムといったセメントに欠かせない物質が多く含まれています。さらに、廃タイヤや廃プラスチック、廃パチンコ台、建設廃材などは原料以外に製造時の燃料としても活用されています（詳しくはP.228参照）。

　また、コンクリート構造物の取り壊しなどで生じたコンクリート塊は、再生骨材として道路の路盤や構造物の基礎などに使われています。このような再生骨材を利用してつくられたコンクリートは再生コンクリートとも呼ばれていて、公共土木工事などでは再生コンクリートの活用が推進されています。

　混和材については、高炉での銑鉄製造の副産物を高炉スラグ微粉末に、火力発電所の排ガスをフライアッシュに、電気炉の排ガスをシリカフュームに使われるなど、その大半が産業副産物を原料としています。

　18世紀の産業革命以来どんどん普及していったコンクリートについて、「文明社会の象徴」のように見ている人は今でも少なくないと思われます。特に日本では、戦後の復興と高度経済成長が進む中でコンクリート造のビルやマンション、インフラ設備などが次々と建設されたこともその印象を強めているかもしれません。

　しかし、現在のコンクリートは地球環境を配慮した取り組みが進んでいます。これからは「地球環境との共存の象徴」としてコンクリートを捉えてくれる人が増えていくことを願うばかりです。

第3章

コンクリートの配合設計

たとえ高品質の材料をそろえたとしても、その使用量が不適切だった場合には、必要としている性能のコンクリートはできません。その適切な使用量を決める工程が配合設計です。配合設計の流れや配合に関係する要素について本章で解説します。

1 配合設計の基礎知識

　要求された品質のコンクリートをつくる際には、各種材料を適切な配分で使用することが欠かせません。この配分を決めることを配合設計といいます。配合設計の基本について解説します。

▶配合および配合設計とは

　第2章でコンクリートの各材料について解説しましたが、実際にコンクリートをつくる際はこれら材料をどれくらいの割合や数量で用いるかが重要となります。このような**材料の混合割合や使用数量のことを配合といいます**。なお、この配合という表現はJISや土木学会で使われるもので、日本建築学会では調合と呼んでいます。

　一方、**配合設計とは、つくろうとするコンクリートの要求事項を満たすために、配合の内容を決めることです。**

スキルUP!

コンクリート診断の分野では、すでにできあがっているコンクリート構造物に使われているセメント量や骨材量などを調べる場合もあります。このように既存の構造物の配合を分析することを配合推定といいます。配合推定にはいくつかの分析方法があり、構造物の状態や使われている材料の種類に応じて使い分ける必要があります。

▶コンクリートが必要とする品質例

　コンクリートは、用途によってさまざまな品質が要求されます。建築物に使用するコンクリートは、比較的やわらかく流動性があり(スランプ18〜21cm)、骨材寸法が小さいものが使用されます。スランプとは、上面直径10cm、下面直径20cm、高さ30cmの円錐台形の容器(スランプコーン)に所定の方法でレディーミクストコンクリートを詰めて、スランプコーンを引き上げたときの上面の下がり量のことです(P.78参照)。また、似たよ

うな指標として所定のコーンを用いた際の試料の直径の広がりや、ロート状容器からの試料の自由流下時間を測定して表示する、レディーミクストコンクリートなどのやわらかさを示すスランプフローがあります。

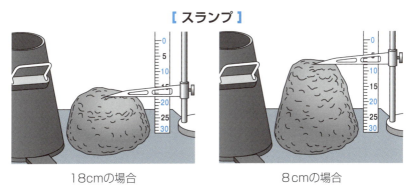

【 スランプ 】

18cmの場合　　　　　　　　　8cmの場合

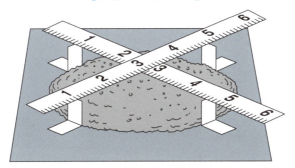

【 スランプフロー 】

　強度については、一般住宅の基礎などに使用されるコンクリートは、呼び強度(P.70参照)21N/mm^2〜33N/mm^{2}程度が一般的ですが、高層建築物では36N/mm^{2}を上回る高強度コンクリートや、さらに60N/mm^{2}を上回る超高強度コンクリートも使用されます。

　土木コンクリート構造物では、硬めのコンクリート(スランプ8〜12cm程度)が多く使用され、打設箇所により最大骨材寸法の大きいものなども使用されます。例えば、ダムコンクリートでは骨材寸法80mmや150mmの大きなものが使用されたり、水和熱を抑えるための混和材が使用されたりします。

【 大型の骨材（砕石など）】

▶生コン工場での配合設計

発注者は使用目的に応じた条件を要求事項として示し、生コン工場に注文します。コンクリートの基本的な要求事項とは、**強度・耐久性・水密性・ワーカビリティー**を指します。なお、コンクリート標準示方書では、要求性能を安全性、使用性、復旧性、第三者への影響度などで分類しています。

【 コンクリートの構成 】

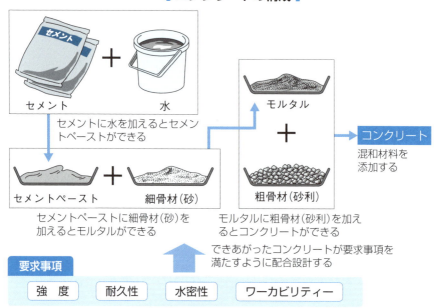

【構造物に要求される性能（コンクリート標準示方書の場合）】

構造物の要求性能	コンクリートの仕様
安全性	主として強度
使用性	変形性能など
復旧性	災害などからの性能回復
第三者への影響度	剥落抵抗性など
美観	材料の素材、フォルムなど
耐久性	物質透過性、化学的安定性など
環境性	地球環境、地域環境、作業環境など

　生コン工場では、要求された品質をほぼ100％満たせるように配合設計を行います。レディーミクストコンクリートの強度結果が出るのは、打設してから28日（7日）後となるため、統計的に不合格となる確率が0％に近くなるように水セメント比と強度の関係式を準備し、強度不足による構造物の取り壊しなどということが起こらないように算出します（配合強度についてはP.70参照）。また、スランプと単位水量の関係や、単位セメント量と単位粗骨材かさ容積（P.76参照）の関係などを事前に確認しておきます。**注文を受けた生コン工場は、要求事項をもとにあらかじめ配合設計をして標準化された配合の中から選定するか、新たに基礎資料に基づいて配合設計を行います。**

　コンクリートの強度は、水とセメントの割合（水セメント比）で決まります。水が少なく、セメントが多いコンクリートほど強度が大きく緻密で、耐久性を有することにつながります。作業のしやすさを表すワーカビリティーは、化学混和剤によって連行される微細な気泡（エントレインドエア）と、水の量で決まるスランプによって調整されます。硬いコンクリートは型枠の中に詰め込むことが困難であり、大きな粗骨材でつくられたコンクリートは鉄筋のすきまに入りづらく、材料が分離して良質なコンクリートがつくれなくなります。

　生コン工場ではこうした点を踏まえつつ、要求事項を満たすように配合設計をしているのです。

2 配合設計の流れ

　配合設計では、セメントの種類や配合強度、単位水量などさまざまな要素について選定・決定する必要があります。どのような流れで配合設計を行っていくのか概要について解説します。

▶標準配合と現場配合

　配合には、理想的な条件での骨材を用いた**標準配合（示方配合、計画配合）**と、現場の骨材の状態に合わせて補正した**現場配合（修正標準配合）**があります。理想的な条件とは、骨材が表面乾燥飽水状態（表乾状態）であり、細骨材と粗骨材が5mmふるいで完全に区分されていることを意味しています。

　配合設計によって決められる配合は、基本的には標準配合です。つまり、骨材が理想的な条件の場合での配合なのですが、実際の現場では骨材を理想的な状態でストックできるとは限らないため、標準配合に従っても想定どおりのコンクリートができない場合もあります。そこで**標準配合と同じ品質のコンクリートになるように現場配合で補正をしているのです。**

▶配合設計の手順

　配合設計では、誰が行っても同じ品質のコンクリートができるような配合としなければなりません。そのため、手順や考え方が決められています。コンクリートの一般的な配合設計の手順は次ページのとおりです。

　また、P.66～68では各工程の概要について解説していますので、併せて参照してください。水セメント比や単位セメント量といった配合に関わる要素については、次節より詳しく解説していきます。まずは、どのような要素が配合設計に関与してくるのかを理解しましょう。

64

[配合設計の手順]

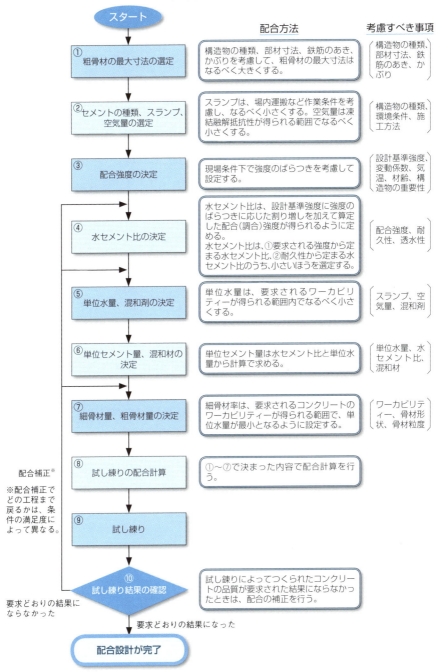

第3章 コンクリートの配合設計

①粗骨材の最大寸法の選定

　構造物の種類や部材寸法に応じた最大粗骨材寸法を選定します。鉄筋コンクリートの場合、鉄筋の配置や鉄筋の間隔、コンクリート表面から鉄筋までの距離（かぶり）などを考慮します。

　コンクリート標準示方書では、一般的なレディーミクストコンクリートの場合、粗骨材最大寸法は20mmまたは25mm、無筋コンクリートの場合は40mmと定められています。大型のダムなどでは、最大150mmの骨材を使用しています。

　可能な限り最大粗骨材寸法を大きくすることにより、細骨材率が小さくなり、耐久性が高く経済的なコンクリートとなります。

②セメントの種類、スランプ、空気量の選定

　硬化の速さや水和熱、化学抵抗性などを考慮してセメントの種類を選定します。スランプについては施工性を考慮し、所要のコンシステンシー（フレッシュコンクリートの変形または流動に対する抵抗性の程度）が得られる範囲で、なるべく小さい値を選定します。

　空気量はフレッシュコンクリートの作業性（ワーカビリティー）の改善や、硬化コンクリートの耐凍害性を考慮して選定します。JIS A 5308の規格では、普通コンクリートの場合4.5±1.5%、軽量コンクリートの場合5.0±1.5%と規定しています。

③配合強度の決定

　設計基準強度と構造物の重要性、環境条件や現場条件における強度のばらつきを考慮して選定します。コンクリートの強度とは、圧縮強度のことを指すといってよいでしょう。圧縮強度のほかにも曲げ強度、引張強度、せん断強度、疲労強度、鉄筋との付着強度などがありますが、一般的には圧縮強度が使われます（P.69参照）。

　ただし、舗装コンクリートでは曲げ強度が使われるため、曲げ強度を基準に配合設計します。

④水セメント比の決定

　所要の強度から定まる水セメント比と、耐久性から定まる水セメント比のうち小さいほうを選定します。小さいということは、水の重量に対して

セメント量が多いことを示します。日本建築学会と土木学会では、それぞれ水セメント比の最大値を規定しています。

【日本建築学会での水セメント比の最大値（JASS 5より）】

セメントの種類		水セメント比の最大値	
		短期・標準・長期	超長期
ポルトランドセメント	早強ポルトランドセメント 普通ポルトランドセメント 中庸熱ポルトランドセメント	65%	55%
	低熱ポルトランドセメント	60%	
混合セメント	高炉セメントA種 フライアッシュセメントA種 シリカセメントA種	65%	―
	高炉セメントB種 フライアッシュセメントB種 シリカセメントB種	60%	

【土木学会での水セメント比の最大値（コンクリート標準示方書より）】

劣化環境	水セメント比の最大値
硫酸イオンとして0.2%以上の硫酸塩を含む土や水に接する場合	50%
凍結防止剤を用いる場合	45%

※実績、研究成果などにより確かめられたものについては、表の値に5〜10%を加えた値としてよい。

⑤単位水量、混和剤の決定

　要求されるワーカビリティーが得られるように単位水量を決定します。コンクリートの品質は水の量で決まり、水の量が少ないほど緻密なコンクリートとなります。そのため、所要の品質が得られる範囲内でなるべく小さい値とします。

⑥単位セメント量、混和材の決定

　単位セメント量は、④で得られた水セメント比と⑤で決定した単位水量から算出します。混和材料は、コンクリートの品質を改善するために加える材料です。耐久性や施工性の向上など、必要に応じて選定します。

⑦細骨材量、粗骨材量の決定

　細骨材量は、全骨材の容積に細骨材率を乗じて定めます。粗骨材量は、全骨材の容積から細骨材容積を引いて求めます。細骨材を減らすと骨材全

第3章　コンクリートの配合設計　**67**

体の表面積が減り、同じスランプを得るために必要な単位水量が減少します。すると、経済的に良質なコンクリートとなるため、細骨材率はなるべく小さい値とします。

　細骨材を減らすということは粗骨材を増やすことになります。細骨材率が過小となると材料分離を起こし、豆板（コンクリート表面上に凹部が生じ、粗骨材が確認できる状態となる打設不良。P.128参照）の原因となることがあるため、最適な細骨材率を選定する必要があります。

⑧試し練りの配合計算

　試し練りの配合計算は、1 m³のコンクリートをつくるときの各材料の割合や使用量を表す標準配合表より、実際に練り混ぜる量を計算します。

⑨試し練り

　試し練りは、配合設計の手順に従った計算により算出した量で練り混ぜますが、実際に試し練りを行ってコンクリートをつくり、品質試験で目標との差を確かめる必要があります。

⑩試し練り結果の確認

　試し練りの結果、目標の品質が得られなかったときには、配合の内容を補正し目標の品質に近づける必要があります。

　例えば、スランプが目標スランプに対して1 cm大きい場合、水の量を1.2%だけ小さくします。空気量が目標空気量に対して1％大きい場合は、細骨材率を0.5～1％小さくして水の量を3％だけ小さくします。

　補正後に再度試し練りを行います。そして条件を満たすことができたら配合設計基準値が決定となり、配合設計は完了です。

3 コンクリートの強度

コンクリートの主要強度には、圧縮強度、引張強度、曲げ強度、付着強度の4種類があり、これらを総合的に評価しなければなりません。ここではそれぞれの強度について説明します。

▶4種類の強度

コンクリートの強度では主に**圧縮強度、引張強度、曲げ強度、付着強度**の4種類が使われます。

まず、**圧縮強度**とは、コンクリートが圧縮力を受けて破壊する際の強さを応力度(N/mm^2)で表した値です。破壊時の最大圧縮荷重(N)を供試体の断面積(mm^2)で割って算出します。**コンクリートの強度を示す最も一般的な指標であり、コンクリート構造物の構造計算にも使用されます。**

一方、**引張強度**は引張力を受けて破壊する際の強さで、**曲げ強度**は曲げの力を受けて破壊する際の強さです。圧縮強度を基準とすると、引張強度は1／13〜1／10程度、曲げ強度は1／7〜1／5程度の大きさです。

付着強度は、鉄筋コンクリートにおいて埋め込まれた鉄筋の引抜力を付着面で割った値です。異形鉄筋の場合、鉄筋の表面に凹凸をつけて摩擦抵抗を大きくさせているため、表面に凹凸のない丸鋼より付着力は大きくなります。また、鉄筋の配置位置や方向によっても影響を受けます。例えば、梁などで上部に配置した鉄筋はブリーディングの影響を受けるため、下部の鉄筋と比べて付着強度は小さくなる傾向にあります。また、水平に配置された鉄筋は、コンクリートの沈下によって鉄筋下面に隙間や水の膜ができるため、鉛直に配置された鉄筋よりも、付着強度が小さくなる傾向にあります。

4つの中で、コンクリートが最も弱いのは引張強度です。そのため鉄筋コンクリートの場合、構造設計計算における引張強度はコンクリートでは無視し、鉄筋に受けもたせます。

第3章 コンクリートの配合設計 **69**

4 配合強度

コンクリートがどのような強度をもつかは構造物の耐久性などにも大きな影響を与える重要な要素です。配合の段階でどのように強度を決めていくのかを見ていきましょう。

▶配合強度の求め方

配合強度とは、コンクリート構造物の部材設計の際に基準とした設計基準強度(呼び強度)に割増強度を加えた強度のことをいいます。

配合強度＝呼び強度＋割増強度

呼び強度はレディーミクストコンクリートを注文するときの強度区分のことです。通常は設計基準強度を呼び強度とします。呼び強度は生コン工場で標準水中養生(水中に供試体を入れておく保管方法)を行い、規定の材齢で強度を保証するものです。

一方、**割増強度**とは、荷卸し地点で採取した供試体の強度が低下していた場合でも呼び強度の強度値以上を保証できるように、生コン工場が品質の変動を確率的に予測して割増した強度のことです。

配合強度は、基準とするコンクリートの材齢28日(7日)における圧縮強度で表すものとし、実際に生コン工場が練混ぜを行う際の目標強度となります。

なお、JIS規格では強度について以下のように定めています。

① 1回の試験結果は、購入者が指定した呼び強度の強度値の85％以上でなければならない(計算式で表すと配合強度＝0.85×呼び強度＋3σ)。

② 3回の試験結果の平均値は、購入者が指定した呼び強度の強度値以上でなくてはならない(計算式で表すと配合強度＝呼び強度＋1.73σ)。

①と②のうち、大きいほうの数値を配合強度とします。なお、σは標準偏差を表していて、製造したレディーミクストコンクリートの強度のばらつきが小さいほど、σは小さくなります(詳しくは次ページ参照)。

▶生コン工場での配合強度の決め方

生コン工場ではJISの規格よりも厳しい条件を割増強度として与えて、呼び強度を下回らない配合強度を決定しています。

　一般的に強度のばらつきは、正規分布の形を示すとされています。正規分布は統計学などで使われる確率分布の1つですが、ここではさまざまな強度の発生頻度について、目標とする強度値が頂点となる左右対称の山型の分布と考える程度でよいでしょう。つまり、全体の半分(50％)が目標強度値を下回るわけです。

　そのため、もし呼び強度の強度値を目標強度として設定した場合、呼び強度を下回る製品が半分も出てくることになってしまいます。そこで、生コン工場では、呼び強度に割増強度を加えた強度値を目標とする強度値、すなわち配合強度とすることで、配合強度よりも下回る強度値の製品が発生した場合でも呼び強度の強度値以上を維持できるようにしているのです。

[配合強度のイメージ]

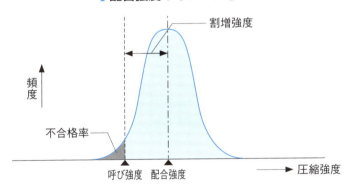

　なお、このばらつきは標準偏差(σ)で表します。ばらつきが小さい(標準偏差が小さい)と正規分布の山は頂点が高くて横に狭い形状となります。一方、ばらつきが大きい(標準偏差が大きい)と頂点が低くて横に広い山型となります。山が横に狭いほど割増強度が小さくても不合格率を減らすことができるので、**工場の品質管理状態が良好で強度のばらつきが小さければ、割増強度を抑えた経済的な配合が可能です。**

　割増強度は標準偏差(σ)と係数を掛けて算出します。不合格率と係数の関係は次ページのとおりです。

第3章　コンクリートの配合設計

【係数と不合格率の関係】

係数	不合格率
0	50%
1	15.87%
1.73	4.18%
2	2.28%
2.5	0.62%
3	0.13%

　生コン工場では、一般的に不合格率が0.62%（または0.13%）となる係数2.5（または3）を採用しています。つまり、割増強度は2.5σ（または3σ）です。よって、生コン工場での配合強度は、**配合強度＝呼び強度＋2.5σ（または3σ）**となります。

▶現場での配合強度の決め方

　現場で配合強度を定める場合には、骨材の管理の程度などにより、品質にばらつきが発生します。設計基準強度を満たすためには、管理の状態に対応した割増を考慮する必要があります。この設計基準強度に乗じる係数のことを割増係数といいます。割増係数は、管理の状態の程度によって生じる変動係数より求めることができます。

　変動係数とは、実際にコンクリートを練る現場の施工状態や管理程度によって不良品の出る割合を示したもので、**変動係数＝標準偏差／平均値**で求めることができます。

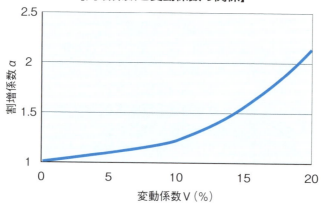

【割増係数と変動係数の関係】

5 水セメント比

コンクリート内の水とセメントのバランスを表す数値が水セメント比です。水セメント比がどのような意味をもち、どのように算出されるのかを解説します。

▶水セメント比とセメント水比

水セメント比とは、コンクリート中の骨材が表面乾燥飽和状態にあると仮定した際の、セメントペースト内におけるセメントの質量(単位セメント量)に対する水の質量(単位水量)の割合比のことです。 単位水量をW、単位セメント量をCで表すことから、水セメント比のことをW／Cとも表記します。水セメント比が大きいほど、セメントペースト内での水の割合が多いことを意味します。

水セメント比は、コンクリートの所要の強度や耐久性、水密性などを考慮して設定します。具体的には、要求される圧縮強度をもとにして定める場合と耐久性をもとにして定める場合のうち、小さいほうを水セメント比として選定します。**水セメント比が小さくなるほど、強度は大きくなります。**

圧縮強度または曲げ強度をもとに水セメント比を定めるには、工事に使用するコンクリート材料を用い

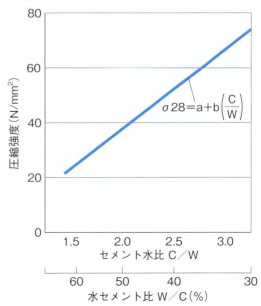

【セメント水比・水セメント比と強度の関係】

$\sigma 28 = a + b\left(\dfrac{C}{W}\right)$

第3章 コンクリートの配合設計　73

て、水セメント比の逆数にあたるセメント水比（C／W）と、圧縮強度との関係を試験によって求めるのが原則です。セメント水比と圧縮強度の関係式は一次式（直線式）で表すことができます。

　配合設計に用いる水セメント比を設定するには、試験によって求めたセメント水比と圧縮強度の関係のグラフから、配合強度に対応したセメント水比を求め、その逆数を水セメント比とします。

▶化学作用に対する耐久性を定める

　海洋コンクリートでは、耐久性および鉄筋を保護する性能から、水セメント比の最大値は下表の値を基準とします。AEコンクリート（AE剤を使用しているコンクリート）による無筋コンクリート構造の場合、耐久性から定まる最大水セメント比を、下表の値に10％程度加えた値とするとよいでしょう。

【海洋構造物耐久性から定まるAEコンクリートの最大水セメント比】

施工条件 環境区分	一般の現場施工の場合	工場製品または材料の選定および施工において、工場製品と同等以上の品質が保証される場合
海上大気中	45%	50%
飛沫帯	45%	45%
海中	50%	50%

　耐凍害性から定まる水セメント比は、下表に示す値以下とします。

【耐凍害性に基づくAEコンクリートの最大水セメント比】

種別	構造物の露出状態	断面 気象条件	気象作用が激しい場合、または凍結溶解がしばしば繰り返される場合 薄い場合	一般の場合	気象作用が激しくない場合、氷点下の気温となることがまれな場合 薄い場合	一般の場合
一般の無筋および鉄筋コンクリート	①連続して、あるいはしばしば水で飽和される部分		55%	60%	55%	65%
	②普通の露出状態にあり、①に属さない場合		60%	65%	60%	65%
ダムコンクリート			60%		65%	
舗装コンクリート			45%		50%	

74

6 単位量

コンクリート1m^{3}あたりの質量のことを単位量といいます。単位セメント量や単位水量などは配合設計を進めるうえで最重要な概念となるので、しっかりと押さえておきましょう。

▶単位量とは

単位量とは、コンクリート1m^{3}をつくるときに用いる各材料の質量のことです。単位セメント量（C）、単位水量（W）、単位細骨材量（S）、単位粗骨材量（G）、単位混和材量（F）があります。

1m^{3}の中には空気量も含まれるので、厳密には1000×（1－空気量％）の容積となります。

▶単位セメント量

単位セメント量は、水セメント比と単位水量から次式により求めます。
単位セメント量＝単位水量／水セメント比

セメントの容積については、以下の式で求めます。
セメントの絶対容積＝単位セメント量／セメントの密度

ただし、耐久性（耐凍害性）に関しては、P.74の「耐凍害性に基づくAEコンクリートの最大水セメント比」の表から求めます。また、絶対容積とは、各材料の質量をその材料の密度で割った値のことです。
絶対容積（m^3）＝質量（kg）／密度（kg/m^3）

▶単位水量

単位水量は所要スランプや水セメント比を考慮して、作業ができる範囲内でできるだけ小さくなるように決めます。

建築学会の建築工事標準仕様書では、「単位水量は185kg/m^{3}以下とし、

第3章　コンクリートの配合設計　**75**

コンクリートの品質が得られる範囲内で、できるだけ小さくする(高強度コンクリートの場合は175kg/m³以下)」と定めています。一方、土木学会のコンクリート標準示方書では、下表の数値を推奨しています。

【コンクリートの単位水量の推奨範囲】

粗骨材の最大寸法	単位水量の範囲
20〜25mm	155〜175kg/m³
40mm	145〜165kg/m³

▶単位細骨材量と単位粗骨材量

単位骨材量は、コンクリート1m³から単位水量と単位セメント量の絶対容積と空気量を差し引いて求めます。単位細骨材量(Sg)およびその絶対容積(Sv)は、調合設計の基礎方程式をもとに、次式により求めます。

$Sv = 1000 - (Wv + Cv + Gv + Av)$

$Sg = Sv \times$ 細骨材の密度

Wv:水の絶対容積(L/m^3)

Cv:セメントの絶対容積(L/m^3)

Gv:粗骨材の絶対容積(L/m^3)

Av:空気の絶対容積(L/m^3)

単位粗骨材量(Gg)およびその絶対容積(Gv)は、単位粗骨材かさ容積から次式により求めます。単位粗骨材かさ容積とは、コンクリート1m³をつくるときに用いる粗骨材のかさの容積であり、単位粗骨材量をその粗骨材の単位容積質量で割った値です。

$Gv =$ 単位粗骨材かさ容積(m^3/m^3)× 粗骨材の実積率(%)/100

$Gv = Gg$/粗骨材の絶乾密度

細骨材率(S/a)は、コンクリート中の全骨材量に対する細骨材量の絶対容積比で、次式により求めます。

$S/a(\%) = Sv/(Sv + Gv) \times 100$

細骨材率を小さくすると、砂分の減少により骨材の表面積の総和が少なくなり、単位水量も減少することができるため、耐久性の高い経済的なコンクリートが得られます。

7 粗骨材の最大寸法

コンクリートの骨格となる骨材の中でも、粗骨材の寸法はコンクリートの品質にも大きな影響をもたらすため、最大寸法を適切に選定する必要があります。

▶粗骨材の最大寸法の選定

コンクリート構造物の部材の大きさや鉄筋の間隔などによって、使用できる粗骨材の最大寸法が定められています。大きい粗骨材を使用すると、練混ぜ水を減らすことができ、コンクリートの乾燥収縮を低減できます。

粗骨材の最大寸法は、ふるいを用いてふるい分けを行い、質量で90％以上通過するふるいのうち、最小のふるいの呼び寸法（製品の実寸や設計上の寸法とは別で、一般に呼びやすく切りのよい近似の数字で示したもの）で表します。レディーミクストコンクリートの配合設計や注文、鉄筋コンクリートのかぶり（P.112参照）などに用いられる重要な値です。

粗骨材の最大寸法は、部材寸法や鉄筋あき（平行して並ぶ鉄筋の表面間の最短距離）を踏まえて下表のように定めます。

【粗骨材の最大寸法】

構造物の種類		粗骨材の最大寸法	
鉄筋コンクリート	一般の場合	20mmまたは25mm	部材最小寸法の1／5または鉄筋の最小あきの3／4およびかぶりの3／4を超えないこと
	断面が大きい場合	40mm	
無筋コンクリート	一般の場合	40mm 部材最小寸法の1／4（水密を要するコンクリートでは1／5）を超えないこと	
	断面が大きい場合		
舗装コンクリート		40mm以下（施工条件により20mmまたは25mm）	
ダムコンクリート		150mm程度以下	

第3章　コンクリートの配合設計　77

8 スランプと空気量

スランプと空気量も配合設計の対象としてしっかり考慮しなければならない要素です。それぞれどのような意味合いのある指標なのか解説します。

▶スランプとスランプフロー

　スランプおよびスランプフローは、どちらもレディーミクストコンクリートの施工性の指標となるものです。地面に水平に設置した鉄板の上に、高さ30cmのスランプコーンという円錐台形の容器を置き、所定の方法でコンクリートを詰めた状態からスランプコーンを引き上げると、円錐台形状のコンクリートがむき出しになります。そして、コンクリートは形を保つことができず、つぶれていきます。このときの上面の下がり量が**スランプ**です。**流動性の高いコンクリートほどスランプは大きくなります。**

　スランプの大きいコンクリートは施工しやすいものの、材料分離が生じやすいという欠点もあります。一方、スランプの小さいコンクリートの場合は施工難度が上がるものの、耐久性などの向上が見込めます。

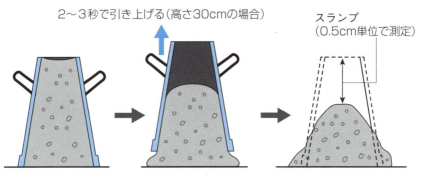

【 スランプ試験 】

スランプフローは、スランプコーンを引き上げたときのコンクリートの広がりを測定したものです。高強度コンクリートのように流動性が非常に高いコンクリートの場合、スランプの測定が困難なため、スランプフローを流動性の基準値としています。

【 スランプフロー試験 】

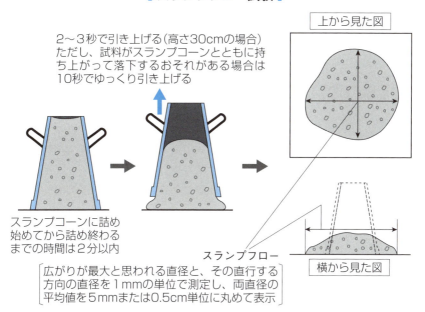

▶空気量

P.28やP.52でも触れましたが、コンクリートの中にはエントレインドエアと呼ばれる微細な気泡が含まれています。**コンクリートの全体積に占めるエントレインドエアなどの空気の割合のことを空気量といいます。**なお、骨材内部に存在する空気については、空気量には含めません。

エントレインドエアの添加は、混和剤のAE剤やAE減水剤などの利用が一般的です。適切な空気量を維持することは、耐凍害性の向上やワーカビリティーの改善につながるので重要な要素です。ただし、空気量が多すぎると圧縮強度の低下を招くため注意しましょう。

第3章 コンクリートの配合設計 79

9 コンクリートの試し練り

各種要素についての選定・決定ができたら、その内容に沿ってコンクリート製造をテストします。これを試し練りといい、試し練りで予定どおりの結果が出たら配合設計は完了となります。

▶試し練りの目的

配合設計によって求めた配合結果が、要求されたコンクリートの品質、つまりスランプや空気量などのコンクリートの性状や圧縮強度と目標値が合っているかどうかを調べるために、**試し練り**という作業を行います。

試し練りの結果、要求を満たす品質のコンクリートができあがれば配合設計の完了となります。

【 試し練りの様子① 】

　　　　計量　　　　　　　　　　　　試料採取

▶試し練りの方法

試し練りでのコンクリートのつくり方についてはJIS A 1138で規定されています。また、試し練りは試験室での実施が基本です。

まず、材料の準備として、練り混ぜる前に材料の温度を20±3℃に保つようにしておきます。次に材料の計量では、材料別に質量で計量します。

特に計量した骨材は、練り混ぜるまでに含水状態が変化しないように注意が必要です。

コンクリートの練混ぜは、温度20±3℃、湿度60％以上に保たれた試験室で行うのが望ましいとされています。

また、コンクリートの1回の練混ぜ量は、試験に必要な量より5L以上多くし、ミキサの公称容量の1／2以上の量にします。ミキサ内部にモルタル分が付着するため、練り混ぜるコンクリートと等しい配合のコンクリートをあらかじめ少量練り混ぜておき、ミキサ内部にモルタル分が付着した状態にしておきます。練混ぜ時間は、一般的に可傾式ミキサの場合は3分以上、強制練りミキサの場合は1.5分以上とします。

【 試し練りの様子② 】

測定

【 可傾式ミキサ 】

【 強制練りミキサ 】

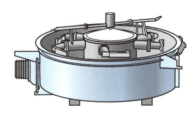

▶試し練りの結果判定

試し練りの結果は、JIS A 5308の品質で規定されている荷卸し地点での許容差内にあてはまるかどうかで判定します。

この荷卸し地点での許容差については、P.118を参照してください。

▶配合の調整方法

　試し練りによってつくられたコンクリートの品質が、要求された結果を得られなかった場合、その原因を確かめたうえで必要条件を満たすよう補正を行います。

　コンクリートの配合は互いに相互関係があり、1つの項目を満たすように補正を行うと他の項目が条件を満たさなくなるというようなことが起こりやすいため、注意しなければなりません。

　軽量コンクリートの単位容積質量値がどうしても大きくなりすぎるような場合、軽量骨材を当初選定した材料より密度の小さい材料に変更するといった使用材料の変更を行う必要も出てきます。しかし、骨材を変更すると、単位水量や細骨材率などにさまざまな影響をおよぼします。変更事項が配合結果にどのような影響をおよぼすかは、下表のとおりです。

【骨材変更による配合への影響】

種類	変更事項	配合への影響
細骨材率	粗骨材の実績率を大きくする	骨材のすきまが小さくなりモルタル率が減り、同一スランプを得るための細骨材率が減る。
	細骨材の粗粒率を大きなものに変える	細骨材が粗粒になるとスランプは大きくなるため、同等のワーカビリティーを確保するためには細骨材率を大きくする。
	水セメント比を大きくする	単位セメント量が少なくなり、単位水量が増えるため、やわらかくなりスランプが大きくなる。スランプを同一にするためには細骨材率を大きくする。
	空気量を大きくする	流動性が増してスランプが大きくなるため、細骨材率は小さくなる。
単位水量	粗骨材の実績率を大きくする	骨材の隙間が小さくなりモルタル量が減り、同一スランプを得るための単位水量が減る。
	粗骨材の最大寸法を大きくする	骨材の隙間が小さくなりモルタル量が減り、同一スランプを得るための単位水量が減る。
	空気量を大きくする（AE剤を使用）	流動性が増してスランプが大きくなるため、同一スランプを得るための単位水量が減る。
	細骨材率を大きくする	細かな粒子が増えるとスランプが小さくなり、必要な単位水量は大きくなる。
	川砂を砕砂に変える	砕砂は川砂より実績率が小さく、粗粒率は大きい。骨材の隙間が大きくなり、必要な単位水量が大きくなる。

10 コンクリートの現場配合

配合設計で配合が決まったとしても、現場ではさまざまな条件が存在するため、その配合では正しい品質のコンクリートができないことが多いです。そこで現場配合によって修正を行います。

▶現場配合の重要性

P.64でも解説しましたが、**配合設計によって決まった配合（標準配合）どおりにコンクリートの品質が得られるように、現場における材料の状態および計量方法に応じて修正した配合が現場配合です。**

気候や材料の状態などが基準試験値や試し練り時と大きく変わる場合、配合を修正しなければよいコンクリートにはなりません。特に骨材が野積みされた状態の場合、天候により含水率が常に変化するため、使用水量の調整が必要となります。これらを適切に修正した配合が現場配合なのです。

スキルUP!

現場配合と同様の言葉として、修正標準配合というものがあります。これは2008年のJIS A 5308の改正から規定として登場したもので、JISでは「出荷時のコンクリート温度が標準配合で想定した温度より大幅に相違する場合、運搬時間が標準状態から大幅に変化する場合、もしくは、骨材の品質が所定の範囲を超えて変動する場合に修正を行ったもの」と定義されています。
レディーミクストコンクリート納入書には、納入したレディーミクストコンクリートの配合が標準配合と修正標準配合のどちらであるかを明記する必要があります（P.98参照）。

▶現場配合の修正方法

実際の現場において気候や材料の状態などが標準配合と異なる場合、次のような方法で修正します。

第3章 コンクリートの配合設計 **83**

①骨材の表面水率が変化した場合

骨材の表面水率が増えた場合は、骨材の表面水量の増加量を算出し、骨材の計量値に表面水量の増加分を加算します。

②単位水量の補正

骨材の表面水量が増加した場合、単位水量から表面水量の増加分を減らします。

③砂の粗粒率やスランプ、空気量、水セメント比、細骨材率を変更した場合および砕石を川砂利に変更した場合

下表のように修正を行います。

【各種補正方法】

補正内容	細骨材率の補正	単位水量の補正
砂の粗粒率が0.1大きい（小さい）ごとに	0.5%大きく（小さく）する	補正しない
スランプが1cm大きい（小さい）ごとに	補正しない	1.2%大きく（小さく）する
空気量が1%大きい（小さい）ごとに	0.5〜1%小さく（大きく）する	3%小さく（大きく）する
水セメント比が0.05大きい（小さい）ごとに	1大きく（小さく）する	補正しない
細骨材率が1%大きい（小さい）ごとに	—	1.5kg大きく（小さく）する
川砂利を用いる場合（砕石からの変更）	3〜5%小さくする	9〜15kg小さくする

例えばスランプを現在より1cm大きくしたい場合は、単位水量を1.2%大きくすればよいわけです。

コラム　乾燥した骨材の使用は避けよう

骨材が乾燥した状態では、内部の水分も失われている状態となり、練混ぜ後モルタル中の水を吸水してしまいます。すると、スランプの低下や急激な乾燥を引き起こし、収縮ひび割れが起こります。

乾燥した骨材に対しては散水（コンクリート用語でプレウェッティングといいます）して水を十分吸収させ、表面水を補正してから使用したほうがよいでしょう。

11 配合の計算方法

配合設計で各種要素を決めるためには、計算による数値の算出が必要となります。これを配合計算といいます。本節では配合計算の基礎知識と計算例を紹介します。

▶配合計算の基本

配合計算を理解していくうえで基本となるのが、下表の公式です。

【配合計算の公式】

項目	公式
①水セメント比	水の質量(単位水量)／セメントの質量(単位セメント量)
②単位水量	水セメント比×単位セメント量
③単位セメント量	単位水量／水セメント比
④コンクリートに含まれる材料容積	セメント容積＋水の容積＋空気量の容積＋骨材の容積
⑤全骨材容積	コンクリートの容積－セメントの容積－水の容積－空気量
⑥細骨材率	細骨材容積／(粗骨材容積＋細骨材容積)
⑦単位細骨材量	細骨材の表乾密度×細骨材容積
⑧単位粗骨材量	粗骨材の表乾密度×粗骨材容積
⑨表面水率	表面水量／表乾質量×100
⑩水の計量値	単位水量－細骨材の表面水量－粗骨材の表面水量
⑪単位容積質量	単位セメント重量＋水の重量＋細骨材の重量＋粗骨材の重量

第3章　コンクリートの配合設計　**85**

▶配合計算の例

それでは、ここからは事例を用いて配合計算の流れを見ていきます。

〈骨材が表面乾燥飽水状態の場合〉

【コンクリート（1m³あたり）の配合条件】

空気量	水セメント比	細骨材率	単位水量	セメントの密度	細骨材の表乾密度	粗骨材の表乾密度
4.5%	50%	45%	180kg/m³	3.15g/cm³	2.60g/cm³	2.65g/cm³

　上表の条件において、単位セメント量、単位細骨材量、単位粗骨材量、標準配合の単位容積質量の数値を算出してみましょう。

〈配合計算の手順〉

①単位セメント量を求める

　水セメント比（W／C）＝50.0（%）より、

　単位水量／単位セメント量＝0.50

　単位セメント量＝単位水量／0.50＝180（kg/m³）／0.50＝**360（kg/m³）**

②セメントの容積を求める

　単位セメント量＝360（kg/m³）が求められたので、次にセメントの容積を求める。

　セメントの密度＝3.15（g/cm³）より、

　セメントの容積＝単位セメント量／3.15（g/cm³）

＝360,000（g）／3.15（g/cm³）＝114,286（cm³）≒114（L）

③全骨材容積を求める

　コンクリート1m³＝1,000（L）に含まれる材料容積は、

　コンクリート1m³＝セメントの容積＋水の容積＋空気量の容積＋骨材の容積である。

　セメントの容積＝114（L）

　単位水量＝180（kg/m³）＝180（L）/m³

　空気量＝4.5（%）＝45（L）

であるから、コンクリート1（m³）中の全骨材容積は、

86

全骨材容積＝1,000－セメントの容積－水の容積－空気量＝1,000－114－180－45＝661（L）：粗骨材容積＋細骨材容積

④細骨材の容積を求める

細骨材率＝細骨材容積／（粗骨材容積＋細骨材容積）

細骨材率＝45（％）であるから、

細骨材容積＝（粗骨材容積＋細骨材容積）×45（％）

＝661（L）×0.45≒297（L）

⑤粗骨材の容積を求める

粗骨材の容積＝全骨材容積－細骨材容積＝661（L）－297（L）＝364（L）

⑥単位細骨材量を求める

単位細骨材量＝細骨材の表乾密度×細骨材容積＝2.60（g／cm^3）×297（L）≒**772（kg/m^3）**

⑦単位粗骨材量を求める

単位粗骨材量＝粗骨材の表乾密度×粗骨材容積＝2.65（g／cm^3）×364（L）≒**965（kg/m^3）**

⑧標準配合の単位容積質量を求める

単位容積質量＝単位セメント量＋単位水量＋単位細骨材量＋単位粗骨材量＝360＋180＋772＋965＝**2,277（kg/m^3）**

以上より、下表のとおりになります。

【配合計算の結果】

単位セメント量	単位細骨材量	単位粗骨材量	標準配合の単位容積質量
360kg/m^3	**772kg/m^3**	**965kg/m^3**	**2,277kg/m^3**

コラム

■理想的な配合設計とは

配合設計とは、目的に合ったコンクリートを製造するために、セメント、水、骨材、混和材料について混合割合や使用数量を決めることです。ここでいう目的に合ったコンクリートとは、要求された強度、耐久性、施工性を兼ね備えた経済的なコンクリートのことをいいます。

強度については、セメントと水の比で決まります。水の量に対して、セメント量が大きいほど強度は大きなものとなるのです。つまり、必要な強度が得られる混合比を保ちつつ、生コン$1m^3$中のセメントと水の量を極力少なく配合することで、要求された強度のコンクリートが経済的につくれるのです。しかしながら、水を少なくするとコンクリートはぼそぼそと固くなり、施工性が悪く、できあがった構造物の品質低下につながります。

そこで、必要なスランプ量を得るための水量が決まるのです。この水量は、水和反応用とワーカビリティーの改善用に働きます。また、ワーカビリティーの改善のために空気の量が重要となります。混和材料のうちの混和剤（AE剤）の働きで、コンクリート中に微細な空気泡（エントレインドエア）を連ねさせ、ボールベアリング効果でワーカビリティーをよくしたり、耐凍害性を向上させたりすることができます。

この空気量は、単位水量を少なくすることに貢献します。しかし、空気量が過剰に多くなると、強度の低下や乾燥収縮が大きくなることから、JISでは一般的に3〜6％に規定しています。

骨材の配合については、要求されるワーカビリティーが得られる範囲で、全骨材容積に対する細骨材容積の割合（細骨材率）をなるべく小さくするように決めます。これは単位水量を少なくすることにつながります。

粗骨材についても、実積率が大きいものを選定することですきまが減り、単位水量を減らすことができます。実積率が大きい骨材とは、粗骨材最大寸法が大きい骨材や、角が取れた粒形のよい骨材です。このように良質な骨材を使用することが、単位水量や単位セメント量を少なくすることへと結びつきます。つまり、単位水量を減らす努力が、理想的なコンクリートの配合設計を成し得るといえるのです。

第4章

レディーミクスト
コンクリート
(生コンクリート)

本章では生コン工場でつくられる
レディーミクストコンクリートに
ついて、基本事項から製造の流
れ、発注のしかた、品質検査まで
を詳しく解説します。コンクリー
ト構造物をつくるための根幹とな
る素材なので、しっかりと押さえ
ておきましょう。

1 レディーミクスト コンクリートとは

　これまで何度も登場してきたレディーミクストコンクリートは、生コン工場で製造されるコンクリートのことで、固まる前の状態のものを指します。レディーミクストコンクリートの定義や規格、製品について解説します。

▶レディーミクストコンクリートの定義

　生コン工場で製造され、固まる前の状態のまま現場まで運ばれるコンクリートが生コンクリート、つまりレディーミクストコンクリートです。コンクリート用語について規定しているJIS A 0203では、レディーミクストコンクリートを「**整備されたコンクリート製造設備をもつ工場から、荷卸し時点における品質を指定して購入することができるフレッシュコンクリート**」と定義しています。

> レディーミクストは英語で「ready-mixed」と表記し、「練られて準備済み」といった意味です。現場ですぐに使用できる状態となっているコンクリートであることが、名前からもわかります。なお、1953年にJIS規格が制定された当初の呼び方は「レデーミクストコンクリート」でした。現在の「レディーミクストコンクリート」という呼び方に変わったのは、1993年の改正からです。

　厳密には、生コンクリートは**レディーミクストコンクリート**と**現場練りコンクリート**の2種類に分類されます。現場練りコンクリートとは、建設現場でセメントや骨材などの材料を練り込んでつくるコンクリートのことで、生コン工場での製造や運搬を必要としません。建設現場に現場練りの設備があったり、使用するコンクリートの量が少なかったりする場合に使われます。ただし、必要としている品質をしっかりと発現させるには、作業員の技量が重要です。

　なお、現場では「レディーミクストコンクリート」「現場練りコンクリート」という表現よりも、「生コンクリート」「生コン」のほうが一般的ですが、

その際の生コンクリートとは「レディーミクストコンクリート」を指している場合がほとんどでしょう。レディーミクストコンクリートは品質の選択肢が広く、用途に応じた使い分けができることが大きな強みです。また、現場でのコンクリート練混ぜの手間を省くことができることも魅力で、さまざまな工事に用いられています。

レディーミクストコンクリートを指す呼び方としては、「レミコン」が使われることもあります。これはセメント業界の最大手企業である太平洋セメント株式会社の登録商標です。

▶レディーミクストコンクリートの規格

　レディーミクストコンクリートの規格は1953年に制定され、1965年にJISマーク表示対象として品目指定されました。規格番号はJIS A 5308です。これまでに13回の改正が行われ、現在の内容になっています。

　なお、JIS規格ではレディーミクストコンクリートを普通コンクリート、軽量コンクリート、舗装コンクリート、高強度コンクリートの4種類で区分しています。

①**普通コンクリート**：一般的な建築構造物と土木構造物に適用するコンクリートです。一般構造用コンクリートとも呼ばれます。

②**軽量コンクリート**：普通コンクリートよりも単位容積重量の小さいコンクリートです。軽量骨材を用いている軽量骨材コンクリートと多量の気泡を含ませた気泡コンクリート（P.158参照）があります。

③**舗装コンクリート**：道路などの舗装への使用を目的としたコンクリートで、スランプ2.5cmの硬練りであるのが特徴です。P.138で詳しく解説します。

④**高強度コンクリート**：普通コンクリートよりも強度を高めているコンクリートで、高層マンションなどに利用されます。P.141で詳しく解説します。

▶レディーミクストコンクリート製品の構成

レディーミクストコンクリートを確保するためには、生コン工場に製品の内容を具体的に指定して注文しなければなりません。注文時に指定する製品はどの生コン工場でも、共通の構成となっています。 レディーミクストコンクリートの製品の呼び方は、次のとおりに構成されています。

①コンクリートの種類　　　　　　　　②呼び強度
③スランプまたはスランプフロー（cm）　④粗骨材の最大寸法（mm）
⑤セメントの種類

【 レディーミクストコンクリート製品の呼び方の構成例 】

普通	24	10	25	N
コンクリートの種類	呼び強度	スランプまたはスランプフロー	粗骨材の最大寸法	セメントの種類

①～④については基本的に下表のように分類されます。

【レディーミクストコンクリートの種類】

コンクリートの種類	粗骨材の最大寸法	スランプまたはスランプフロー	呼び強度													
			18	21	24	27	30	33	36	40	42	45	50	55	60	曲げ4.5
普通コンクリート	20mm、25mm	8cm、10cm、12cm、15cm、18cm	○	○	○	○	○	○	○	○	○	○	—	—	—	—
		21cm	—	○	○	○	○	○	○	○	○	○	—	—	—	—
		45cm	—	—	—	○	○	○	○	○	○	○	—	—	—	—
		50cm	—	—	—	—	○	○	○	○	○	○	—	—	—	—
		55cm	—	—	—	—	—	○	○	○	○	○	—	—	—	—
		60cm	—	—	—	—	—	—	○	○	○	○	—	—	—	—
	40mm	5cm、8cm、10cm、12cm、15cm	○	○	○	○	○	○	○	—	—	—	—	—	—	—
軽量コンクリート	15mm	8cm、10cm、12cm、15cm、18cm、21cm	○	○	○	○	○	○	○	○	—	—	—	—	—	—
舗装コンクリート	20mm、25mm、40mm	2.5cm、6.5cm	—	—	—	—	—	—	—	—	—	—	—	—	—	○
高強度コンクリート	20mm、25mm	12cm、15cm、18cm、21cm	—	—	—	—	—	—	—	—	—	—	○	—	—	—
		45cm、50cm、55cm、60cm	—	—	—	—	—	—	—	—	—	—	○	○	○	—

92

この表はレディーミクストコンクリートの発注メニューと呼ばれるもので、〇印のついた組み合わせはJIS表示認証の生コン工場で標準化された製品を指しています。詳しくはP.97を参照してください。

　⑤については下表のように分類され、記号で表示します。

【セメントの種類】

種類	記号
普通ポルトランドセメント	N
普通ポルトランドセメント(低アルカリ形)	NL
早強ポルトランドセメント	H
早強ポルトランドセメント(低アルカリ形)	HL
超早強ポルトランドセメント	UH
超早強ポルトランドセメント(低アルカリ形)	UHL
中庸熱ポルトランドセメント	M
中庸熱ポルトランドセメント(低アルカリ形)	ML
低熱ポルトランドセメント	L
低熱ポルトランドセメント(低アルカリ形)	LL
耐硫酸塩ポルトランドセメント	SR
耐硫酸塩ポルトランドセメント(低アルカリ形)	SRL
高炉セメントA種	BA
高炉セメントB種	BB
高炉セメントC種	BC
シリカセメントA種	SA
シリカセメントB種	SB
シリカセメントC種	SC
フライアッシュセメントA種	FA
フライアッシュセメントB種	FB
フライアッシュセメントC種	FC
普通エコセメント	E

スキルUP!

セメントの種類ごとに割り当てられている記号は、英語表記に基づくアルファベットとなっています。例えば、普通ポルトランドセメントは「normal portland cement」と表記され、「normal」よりNを用いていて、低アルカリ形の場合には「low-alkali」のLを併記しているわけです。英語表記を押さえておけば記号も覚えやすくなりますので、ぜひ参考にしてください。

2 レディーミクストコンクリートの製造

レディーミクストコンクリートは生コン工場で製造され、現場に運搬されます。製造を行う生コン工場のしくみと製造の流れを見ていきましょう。

▶生コン工場の概要

レディーミクストコンクリートを製造するための施設が**生コン工場**です。P.23でも触れましたが、生コン工場には材料の貯蔵設備、計量設備、練混ぜ設備が備えられていて、各設備間での搬送はベルトコンベアや配管などを用います。また、練混ぜ時や運搬時に使用したミキサドラムなどを洗浄して廃水処理するための設備もあります。

【 生コン工場の主な設備 】

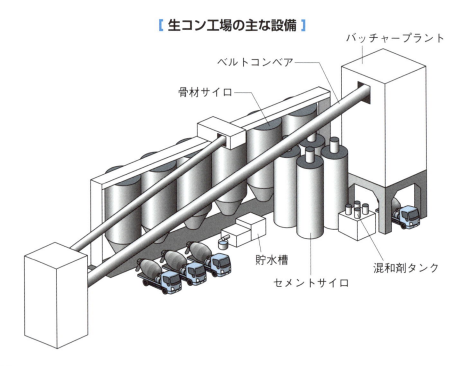

▶レディーミクストコンクリート製造の流れ

　コンクリートの材料となるセメント、骨材、水、混和材料はダンプトラックやタンクローリー、導水管などの材料に応じた手段によって生コン工場へと運ばれてきて、材料ごとの貯蔵設備(セメントサイロや骨材サイロ、混和剤タンク、貯水槽など)に保管されます。

　そして、注文の品質を実現する配合となるように計量設備にて各材料の計量を行い、練混ぜ設備に投入して練り混ぜた後、トラックアジテータのミキサドラム内に直接排出して積み込みます。このように計量から練混ぜ、トラックアジテータへの積込みまでの一連の工程を行う施設がP.23でも紹介したバッチャープラントです。

[バッチャープラントの構造]

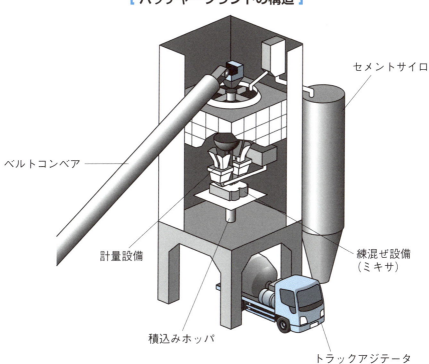

第4章　レディーミクストコンクリート(生コンクリート)

バッチャープラント内の計量設備は、貯蔵槽と計量槽、計量装置で構成されます。貯蔵設備から搬送されてきた各材料は貯蔵槽に一時的にストックされ、必要量が計量槽へと移されて計量装置（電気式や機械式）によって重さが量られます。なお、次の練混ぜ設備へ材料を投入する際にその一部が計量槽に残らないように、計量槽の材質や構造は材料ごとに異なっています。

　練混ぜ設備とは**ミキサ**のことです。計量槽からミキサへの投入はシュート（P.120参照）が使われます。ミキサには傾胴型、強制練り型、強制二軸練り型などの種類がありますが、現在は強制二軸練り型が主流です。こうして練混ぜが完了したら、積込みホッパを通じてトラックアジテータへと積み込まれ、現場へと運搬されます。

【 ミキサの種類 】

傾胴型　　　　　　　強制練り型　　　　　　強制二軸練り型

　これらの工程は基本的にコンピュータによる自動制御で進められます。**担当者はコンピュータ制御室で製造工程や製品の品質、現場への運搬などを管理しているのです。**

【 コンピュータ制御室での管理イメージ 】

各工程をモニターで監視

コンピュータによる遠隔操作

3 レディーミクストコンクリートの発注

レディーミクストコンクリートの発注では標準化された製品を用途に応じてメニューの中から選ぶのが基本です。メニューにない配合条件の製品を注文する場合は、生産者との協議が必要になります。

▶レディーミクストコンクリートの発注メニュー

レディーミクストコンクリートの発注は、JIS表示認証工場への注文であれば、メニューから選定する方法で行います。

【レディーミクストコンクリートの種類】

コンクリートの種類	粗骨材の最大寸法	スランプまたはスランプフロー	呼び強度													
			18	21	24	27	30	33	36	40	42	45	50	55	60	曲げ4.5
普通コンクリート	20mm、25mm	8cm、10cm、12cm、15cm、18cm	○	○	○	○	○	○	○	○	○	○	—	—	—	—
		21cm	—	○	○	○	○	○	○	○	○	○	—	—	—	—
		45cm	—	—	—	○	○	○	○	○	○	○	—	—	—	—
		50cm	—	—	—	—	○	○	○	○	○	○	—	—	—	—
		55cm	—	—	—	—	—	○	○	○	○	○	—	—	—	—
		60cm	—	—	—	—	—	—	○	○	○	○	—	—	—	—
	40mm	5cm、8cm、10cm、12cm、15cm	○	○	○	○	○	—	—	—	—	—	—	—	—	—
軽量コンクリート	15mm	8cm、10cm、12cm、15cm、18cm、21cm	○	○	○	○	○	○	○	○	—	—	—	—	—	—
舗装コンクリート	20mm、25mm、40mm	2.5cm、6.5cm	—	—	—	—	—	—	—	—	—	—	—	—	—	○
高強度コンクリート	20mm、25mm	12cm、15cm、18cm、21cm	—	—	—	—	—	—	—	—	—	—	○	—	—	—
		45cm、50cm、55cm、60cm	—	—	—	—	—	—	—	—	—	—	○	○	○	—

○印のついたものがメニューとして選ぶことができます。

第4章　レディーミクストコンクリート(生コンクリート)　97

また、○印の組み合わせについては、P.80で解説した試し練りの実施も必要ありません。標準化された配合が確立しているためです。一般的には、設計段階でスランプや強度の組み合わせが決まるので、購入者はそれと同じ内容の製品をメニューから選べばよいのです。

　ただし、季節ごとに環境条件が変わるため、購入時期によって同じ製品でも配合が異なる点に注意が必要です。例えば、コンクリート温度が高くなる夏季は単位水量を増加、冬季は単位水量を減少させなければ、スランプが所定の値になりません。そこで生コン工場では、所定のスランプにするために、混和剤の添加量を調整する方法などにより季節ごとで単位水量を増減させています。

　昔はこのような配合の調整が購入者に正しく伝達されないことによるトラブルも少なくありませんでした。**現在は、レディーミクストコンクリー**

【 レディーミクストコンクリート納入書の例 】

レディーミクストコンクリート納入書							No. 01		
							20×× 年 ○ 月 ○ 日		
○○建設　殿									
ⒿⒾⓈ						製造会社名・工場名　○○生コン工場			

納　入　場　所	○○市　××邸新築工事							
運　搬　車　番　号	20　納入台数　3台							
納　入　時　刻	発	08 時　15 分		着		08 時　45 分		
納　入　容　積	2.50　　　m³		累計			7.50　　　m³		

呼び方	コンクリートの種類による記号	呼び強度	スランプ又はスランプフローcm	粗骨材の最大寸法mm	セメントの種類による記号
	普通	30	15	20	N

配　合　表　kg/m³

セメント	混和材	水	細骨材①	細骨材②	細骨材③	粗骨材①	粗骨材②	粗骨材③	混和剤①	混和剤②
361	—	175	281	402	120	473	472	—	3.61	

水セメント比	48.5 %	水結合材比	— %	細骨材率	46.4 %	スラッジ固形分率	— %

回収骨材置換率	細骨材	□	粗骨材	□

備考
配合の種別：■標準配合　　□修正標準配合　　□計量読取記録から算出した単位量
　　　　　　□計量印字記録から算出した単位量　　□計量印字記録から自動算出した単位量
材齢：28　　空気量：4.5

荷受職員認印		出荷係認印	

ト納入書に標準配合、修正標準配合、計量読取記録または計量印字記録を もとにした単位量のどれに基づいた配合であるかが示されています。これ により、購入者は設計者が行った耐久設計や、ひび割れ制御に用いた配合 の値との違いを見極めることができます。

▶メニュー以外の製品を注文する場合

　発注メニューの配合条件とは異なる条件を希望する場合、購入者は生産 者(生コン工場)と協議し、双方が合意した内容であれば注文することがで きます。協議できる事項はJISに定められていて、次のとおりです。

①セメントの種類
②骨材の種類
③粗骨材の最大寸法
④アルカリシリカ反応の抑制対策
⑤骨材のアルカリシリカ反応性による区分
⑥呼び強度が36を超える場合は、水の区分
⑦混和材料の種類および使用量
⑧標準と異なる塩化物含有量の上限値
⑨呼び強度を保証する材齢
⑩標準と異なる目標空気量
⑪軽量コンクリートの単位容積質量
⑫コンクリートの最高温度または最低温度
⑬水セメント比の目標値の上限
⑭単位水量の目標値の上限
⑮単位セメント量の目標値(配合設計で計画した単位セメント量の目標値) の下限または目標値の上限
⑯流動化コンクリートの場合は、流動化する前のレディーミクストコンク リートからのスランプの増大量
⑰その他必要な事項

　なお、①～④の4項目については生産者と協議して必ず指定しなければ ならないと定められています。
　また一部例外として、運搬時間に関しては生産者と購入者との協議によ って変更することができます。

第4章　レディーミクストコンクリート(生コンクリート)　**99**

4 レディーミクストコンクリートの品質検査

レディーミクストコンクリート製造時、品質における責任は生産者の生コン工場にあります。その際、所定の品質を確保できているかを確認したり証明したりするために実施するのが品質検査です。

▶品質管理は誰の責任か

レディーミクストコンクリートを必要とする施工業者が生コン工場に発注することにより、製造がスタートとなります。購入者が施工業者、生産者が生コン工場という関係です。施工業者は具体的な品質条件を生産者へ伝え、生コン工場はその要求を満たした製品を納入する必要があります。

よって、**製造段階における品質管理の責任は当然ながら生コン工場側にあります**。そして、運搬した製品を施工業者に引き渡す際には、生コン工場は所定の品質を確保できていることを施工業者に保証しなければなりません。同時に施工業者側でも、製品が正しい品質となっているのかを確かめたうえで受け入れるか判断します。**施工業者が受け入れた場合は納入が成立となり、品質管理の責任が生コン工場から施工業者へと移るのです。**

その後、施工業者はコンクリート構造物の施工を進めていくわけですが、仮に完成した構造物の品質に問題が生じた場合でも、納入されたレディーミクストコンクリートが要求品質を満たしていないことが証明されない限り、施工業者は生コン工場に責任の一端を求めることは基本的にできません。

▶生産者側で実施する品質検査

生産者（生コン工場）は製造時と荷卸し時に品質検査を実施する必要があります。製造時に実施する品質検査は製造工程に問題がないかチェックする検査なので**工程検査**といいます。一方、荷卸し時に実施する品質検査は、購入者（施工業者）側に品質を証明するための検査です。こちらは**製品**

検査とも呼ばれます。

なお、先述のとおり、荷卸し時には購入者側でも品質検査を実施して、指定どおりの品質になっているか確認します。これを**受け入れ検査**といい、詳しくはP.117で解説します。

▶工程検査と製品検査の内容

工程検査で確認する主な項目は次のとおりです。

①コンクリートの状態(全バッチを対象にワーカビリティー、均一性、骨材の大きさ、容積を確認)

②細骨材のふるい分け(1日に1回以上実施)

③細骨材の表面水率(午前に1回以上、午後に1回以上実施)

④粗骨材の実積率(1週間に1回以上実施)

⑤スランプまたはスランプフロー(午前に1回以上、午後に1回以上実施)

⑥空気量(午前に1回以上、午後に1回以上実施)

⑦塩化物イオン含有量(通常は1ヵ月に1回以上実施。海砂を使用している場合は1日に1回以上実施)

⑧容積(1ヵ月に1回以上実施)

⑨単位容積質量(軽量コンクリートの場合。出荷日ごとに実施)

⑩強度(1日に1回以上実施)

⑪コンクリート温度(指定がある場合。必要に応じて実施)

一方、**製品検査で確認する主な項目**は次のとおりです。

①スランプまたはスランプフロー

②空気量

③塩化物イオン含有量(工場出荷時に実施するのが一般的)

④強度

⑤容積

⑥コンクリート温度

コラム

■生コン工場の変遷

　日本でレディーミクストコンクリートが使用されるようになったのは戦後からで、それ以前は現場練りコンクリートが主流でした。ただ、当時の技術水準も低かったこともあり、品質にはばらつきが多かったようです。

　国内最初の生コン工場は、1949年(昭和24年)に東京都墨田区業平橋にできました。操業が開始された11月15日は「生コン記念日」に指定されています。当初は、製造も輸送も苦労が多かったようですが、試行錯誤の末に輸送方法が確立し、安定した品質のレディーミクストコンクリートを供給できるようになりました。なお、初出荷した製品の用途は、営団地下鉄(現・東京メトロ)銀座線の三越前駅出入口の補修工事だったといわれています。

　その後、生コン工場はどんどん増えていき、15〜20年後の昭和40年代には全国で多数稼動していました。ただし、設備についてはさまざまで、工場では計量までを行い、練混ぜはトラックアジテータ(コンクリートミキサー車)で運搬しながら行うという方法もとられていました。現在のトラックアジテータはできあがった製品が材料分離しないように撹拌しながら運搬しているのですが、当時のトラックアジテータは製造と運搬の両方を行っていたわけです。

　高度経済成長期を通じてコンクリート建築物の需要が爆発的に増えて、生コン工場には高い製造能力や品質が求められるようになりました。それに伴い、ミキサや計量設備の開発が進むなど新技術がどんどん取り入れられていきます。

　近年の工場設備では、自動で骨材の表面水率を連続測定するシステムや、スランプ調整装置も採用されています。ほかにもコンピュータによる誤納防止システムやミキサ洗浄ロボットの導入などもあり、これからも生コン工場はどんどん進化していくことでしょう。

第 5 章

コンクリートの
施工

コンクリートの施工はコンクリート構造物づくりにおける本番であり、施工業者の腕の見せ所です。本章では、施工計画の立案から鉄筋工事、型枠工事、レディーミクストコンクリートの運搬・受け入れ、打設、養生までの一連の流れを詳しく解説します。

コンクリート構造物に関する主な工事

1

コンクリートの施工について説明する前に、そもそもコンクリート構造物がどのようにつくられているのかを見ていきましょう。コンクリート構造物の工事は大きく分けると基礎工事と躯体工事、仕上工事に分類されます。

▶コンクリート構造物はどのようにつくられる？

コンクリート構造物には無筋コンクリートや鉄筋コンクリート、プレキャストコンクリートなどの種類があります（詳しくは第7章で解説）。構造物によって必要となる工事はさまざまですが、大別すると基礎工事と躯体工事、仕上工事に分類されます。

最初に実施されるのが**基礎工事**です。これは構造物を支える土台をつくるための工事全般を指していて、具体的には建設地の地盤を整える土工事や杭を打ち込む地業工事などが該当します。

基礎工事によって構造物の土台ができあがったら、構造物そのものをつくる**躯体工事**へと進みます。鉄筋コンクリート構造物の場合、構造物の骨組みをつくる鉄筋工事、コンクリートを流し込むための型枠を設置する型枠工事、型枠どおりにコンクリートを固めるコンクリート工事などがあります。

こうして構造物が完成したら、最後に防水工事や設備工事、塗装工事などを行います。これらを総称して**仕上工事**といいます。

コンクリートは地盤に埋め込む杭などにも活用されていますが、主な用途は当然ながらコンクリート工事といえるでしょう。ただし、コンクリート工事を成功させるには鉄筋工事や型枠工事が適切に実施されていることが大前提です。そのため、**コンクリートの施工では、コンクリート工事だけでなく鉄筋工事や型枠工事を含めて考える必要があります。**

【 コンクリート構造物の建設の流れ 】

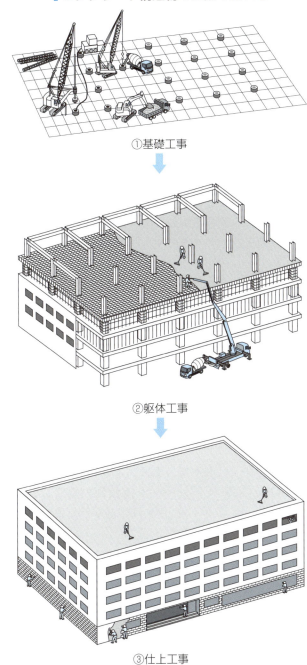

①基礎工事

②躯体工事

③仕上工事

第5章 コンクリートの施工

2 コンクリートの 施工の概要

コンクリートの施工がどのような流れで進められるのか、概要について解説します。どのような工程があるのか押さえておきましょう。

▶施工計画と現場説明会

コンクリートができるまでの工程については、P.22でも簡単に紹介しました。本節では施工上の流れを解説します。

最初に行うのは**施工計画**の立案です。予算や工期などの条件面、コンクリートの品質、施工の具体的方法、施工体制などについて、発注者からの要望をもとに発注者や工事監理者、施工業者などの間で詰めていきます。

施工計画が確定したら**現場説明会**を実施して、工事関係者全員に内容を周知させます。構造物の規模によって工事に関わる人数が異なりますが、いずれの場合でも周知が徹底できていないと施工不良や品質不良などが生じる原因となります。各工程における留意事項や注意事項などは全員が必ず把握しておくようにする必要があります。

▶施工現場での工程

施工内容を工事関係者に共有できたら、本格的な施工工程に移ります。まず実施するのは、鉄筋コンクリート構造物の場合は**鉄筋工事**です。P.104でも述べたとおり、鉄筋は構造物の骨組みとなるので構造物自体の耐久性に大きな影響をおよぼします。

鉄筋が組まれたら、次は**型枠工事**です。設置した型枠の中にコンクリートを流し込んで必要とする形状へと成形するため、型枠の変形は絶対に避けなければなりません。また、流し込んだコンクリートが型枠内の隅々まで行きわたるように考慮して、型枠を組み立てることも重要です。

型枠が完成したら、いよいよコンクリートを流し込んで固めていく工程です。これを**打設**といいます。**使用するレディーミクストコンクリートは**

打設日に受け取り、受け入れ検査を実施して品質に問題がなければそのまますぐに使用します。なお、レディーミクストコンクリートは時間経過とともに固まっていき品質に影響をおよぼすため、運搬時間などはJISで規定されています。

　打設を大きく分けると、**打込み**(レディーミクストコンクリートを流し込む作業)と**締固め**(型枠内にレディーミクストコンクリートを行きわたらせる作業)です。なお、よほど小規模の構造物でない限り、1日ですべての打設を済ませるのは不可能です。そのため、先に打設した箇所に継ぎ足しながら進めていく必要があります。これを**打継ぎ**といいます。

　打設が完了したコンクリートが所定の硬さにまで固まるには、1〜3ヵ月の期間が必要です。その間、水和反応による硬化を滞りなく進めるためには、特に乾燥や凍結の防止が不可欠となります。そのため、**養生**によってコンクリートの保護を行います。

　その後、コンクリートの硬化が進み、所定の強度および所定の期間に達した段階で、取り付けていた型枠を解体します。その際、露出した箇所にも養生を実施しなければなりません。こうして、すべてのコンクリートが完全に固まったら、施工の完了となります。

【 コンクリートの施工工程 】

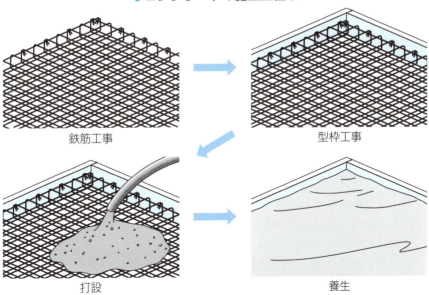

鉄筋工事　　型枠工事　　打設　　養生

3 コンクリートの施工計画を立てる

施工計画とは、構造物を工期内に経済的かつ安全性や環境、品質に配慮しつつ、施工する条件・方法を具体的に策定したものです。コンクリートの施工を成功させるためには綿密な施工計画の立案が欠かせません。

▶施工計画はなぜ必要？

コンクリートの施工は、その精度がコンクリート構造物の強度や耐久性に直結します。たとえ使用しているレディーミクストコンクリートが高品質であったとしても、施工に問題があった場合には、できあがった構造物は品質としては不満足なものとなってしまうでしょう。

その一方で、コンクリートの施工では、工期や予算、品質、安全性などのさまざまな要素が絡んできます。**与えられた工期や予算の範囲内で安全な施工や要求された品質を実現させるには、事前にどのように施工していくのか明確にしておかなければなりません。**そのために施工の前に策定するのが**施工計画**です。

▶施工計画立案の流れ

施工の最適な手順を確定させるために、次のような流れで施工計画を検討していくことが基本となります。

①**事前調査**：契約条件や現場条件、設計図書、現地状況などを確認します。

②**施工技術計画の立案**：基本の施工方針や全体の工程計画を策定し、それに基づきコンクリート工事、鉄筋工事、型枠工事などの個別の工事計画を検討していきます。

③**仮設備計画の立案**：コンクリート工事にかかる直接仮設（工事用道路など）や工事全般にかかる共通仮設（現場事務所など）について検討してい

きます。

④**調達計画の立案**：工事に必要な資材や建設機械、作業員の確保・調達について検討していきます。

⑤**管理計画の立案**：安全な工事を実現し、経済的かつ工期内で完成させるために、安全管理、品質管理および工程管理を検討していきます。

▶構造物に関する検討事項

目的とする構造物の建設場所や用途、形状などによって、コンクリートの種類や機能、性質を選択していきます。

【構造物に関する検討事項】

検討事項の例	検討内容
建設場所はどこ？	・寒冷地域→寒中コンクリート ・海岸地域→海洋コンクリート
構造物の用途は？	・一般の土木構造物や住宅→普通コンクリート ・高温や低温、火気付近での使用→耐火性や耐熱性をもたせる
構造物の形状は？	・ダムなどの大規模構造物→マスコンクリート ・高層建築物→高流動コンクリート ・コンクリートの打設位置や高さ、速度など ・締固め間隔や深さ、時間など

▶コンクリート材料に関する検討事項

セメントや骨材、混和材料などのコンクリート材料に関して、具体的な内容を検討します。

【コンクリート材料に関する検討事項】

検討事項の例	検討内容	具体例
セメントは何を使う？	種類、品質、メーカーなど	ポルトランドセメント、混合セメント、フライアッシュセメントなど
骨材は何を使う？	種類、品質、寸法、産地など	粗骨材、細骨材、山砂、海砂、川砂など
混和材料は何を使う？	種類、メーカーなど	・混和材：フライアッシュなど ・混和剤：AE剤、AE減水剤など

▶コンクリートに関する検討事項

コンクリートの種類や品質に関して、具体的な内容を検討します。

【コンクリートに関する検討事項】

検討事項の例	具体例
使用材料による種類は？	普通、軽量、舗装コンクリートなど
施工条件による種類は？	寒中、暑中、流動化、水中、海洋コンクリートなど
要求性能による種類は？	高流動、高強度、水密コンクリートなど
コンクリートの配合は？	ワーカビリティー、スランプ、空気量、水セメント比、単位水量、単位セメント量など
コンクリートの品質は？	設計基準強度、塩化物量、アルカリシリカ反応の抑制方法など

▶施工に関する検討事項

施工条件に関して、具体的な内容を検討します。

【施工に関する検討事項】

検討事項の例	具体例
工事時期は？	夏期、冬期、梅雨など
運搬、打設方法は？	ポンプ、バケット、シュートなど
打継ぎは？	打継目の位置、形状、処理など
時間制限は？	練混ぜから打設終了までの時間、打重ね時間間隔など
養生は？	方法、期間、型枠存置期間など
他工事との関連は？	建設機械配置、並行工事の工程調整など
現場周辺状況は？	騒音、振動規制、交通規制、近隣調整など

[施工計画立案のイメージ]

4 鉄筋工事

　鉄筋コンクリート構造物の場合、最初に鉄筋を組みます。これは人体における骨格のような役割があり、鉄筋を覆うようにコンクリートを成形することで耐久性の高い構造物ができます。

▶鉄筋工事の概要

　鉄筋工事は鉄筋を配置するための工事で、この鉄筋の配置のことを**配筋**といいます。配筋の内容は設計図によって鉄筋の寸法や数量、種別などが決められているため、鉄筋工事とは設計図どおりに配筋することと考えればよいでしょう。

　配筋で使われる鉄筋は**主筋**と**配力筋**に分けられます。主筋は部位における基礎となる鉄筋で、主筋と直交するように配置する鉄筋が配力筋です。配力筋には鉄筋にかかる力を分散させる役割があります。なお、柱の場合の主筋を**柱主筋**、配力筋を**帯筋（フープ筋）**とも呼びます。また、梁の場合の主筋を**梁主筋**、配力筋を**あばら筋（スターラップ）**ともいいます。

【 主筋と配力筋 】

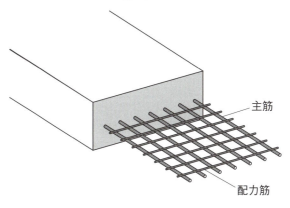

第5章　コンクリートの施工

▶鉄筋工事の流れ

　鉄筋工事の基本的な流れとしては、まず主筋を配筋し、次に配力筋を配筋していきます。主筋同士、配力筋同士は平行して並べるのが基本ですが、その際の鉄筋の間隔のことをあきといいます。あきが狭すぎるとコンクリートの打設の際に骨材が引っかかったり、内部振動機を差し込むことができなくなったりするため、注意が必要です。あきについてはコンクリート標準示方書やJASS 5で規定されています。

　通常、主筋は下側、配力筋は上側に配置され、主筋と配力筋が交差する箇所は結束線（鉄線）で結束します。コンクリートの打設中に配筋が崩れると鉄筋とコンクリートの付着力が低下してしまうので、強固に組まれた配筋が不可欠です。そのため、結束線で主筋と配力筋をしっかりと結びつけることが重要となります。

【 配筋の順序 】

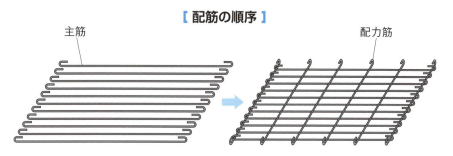

　さらに、**スペーサーと呼ばれる器具を鉄筋に取り付けます**。これは鉄筋を所定の位置を固定させるとともに、所定のかぶりを維持する役割があります。スペーサーにはさまざまな材質がありますが、型枠に接するスペーサーにはモルタル製またはコンクリート製の使用が原則です。

> かぶりとは、鉄筋の表面からコンクリート表面までを最短距離で計測したときの厚さのことで、必要なかぶりを確保できていないと鉄筋コンクリート構造物の強度低下の原因ともなります。

　このような流れで設計図どおりに鉄筋を組むことができたら、鉄筋工事の終了です。

▶鉄筋を曲げる場合の注意点

鉄筋は曲げて使用する場合がありますが、**急激な折り曲げは鉄筋のひび割れなどの原因となります**。そのため、緩やかに曲げる必要があり、コンクリート標準示方書やJASS 5では曲げ方についても規定しています。

また、**曲げ加工は常温での実施が原則で、加熱してはいけません**。加熱によって鉄筋の強度などが変わってしまう場合があるためです。さらに、**一度曲げた鉄筋を再びまっすぐに戻してはいけません**。

鉄筋は溶接しないことが原則ですが、状況次第では溶接して利用するケースもあります。**溶接した鉄筋を曲げる場合には、溶接した箇所を曲げるのは厳禁です**。

▶鉄筋をつなぎ合わせて使用する場合

施工の際に使用する鉄筋は、輸送や現場での作業性などを考慮して一定の長さ(定尺)に切断された状態のものです。しかし、箇所によっては定尺以上の長さの鉄筋を使用することは一般的で、そのような場合には鉄筋同士をつなぎ合わせる必要があります。**この鉄筋同士の接合を鉄筋継手といいます**。鉄筋継手の種類には重ね合せ継手、ガス圧接継手、溶接継手、機械式継手などがあります。

- **重ね合せ継手**：鉄筋の端を平行に添わせて結束線で結束する方法。
- **ガス圧接継手**：鉄筋の末端同士をガスバーナーで加熱し、圧力を加えて一体化させる方法。
- **溶接継手**：鉄筋の末端同士をアーク溶接などで一体化させる方法。
- **機械式継手**：鉄筋の末端同士をスリーブ(カプラー)と呼ばれる器具を被せて接合する方法。

【 鉄筋継手 】

重ね合せ継手　　　　　　　　ガス圧接継手

第5章　コンクリートの施工

5 型枠工事

　型枠工事は、鉄筋でつくった構造物の骨組みに型枠を組み立てる工事です。この型枠の中にコンクリートを流し込み、固まったあとにその型枠を取り外せば構造物の形ができあがります。

▶型枠とは

　型枠は構造物の形状に組まれた枠のことで、コンクリートを型枠に流し込むことでコンクリート構造物の形ができあがります。型枠がしっかりと設置されていないと構造物はいびつな形で仕上がってしまうため、型枠工事は極めて重要な工程です。

　型枠は、せき板、鋼管（ばた材）、セパレータ、緊結材（フォームタイ）などで構成されます。

　せき板はコンクリートをせき止めるための板であり、直接コンクリートに触れる部分です。通常、合板やプラスチック板、鋼板などが用いられます。なお、合板は材料の樹種によってはメラミンなどの抽出物によりコンクリート面に着色や変色、硬化不良が生じる場合もあります。そこで、合成樹脂で表面加工した合板を用いることで、コンクリート表面への悪影響の低減を図ることができます。

現在のせき板の主流は合板で、土木工事では約60％、建築工事では約70％の使用割合といわれています。しかし、合板は転用回数が少なく廃棄コストが多くかかってしまい、木材資源の乱用につながっているという欠点があります。そのため、最近は合板に代わって軽量のプラスチック型枠や鋼製型枠の使用も増えてきています。

　鋼管はせき板の後ろに取り付ける補強材で、**セパレータ**は2枚のせき板の間に取り付けてせき板同士の間隔を保持する器具です。このセパレータと鋼管を**緊結材**によって結合させます。このようにして強度を高めることで、型枠の変形を防いでいるのです。

さらに型枠の形状を維持するために型枠の外側に支柱を設置する場合もあります。この支柱を**支保工**といいます。

【 型枠の構成 】

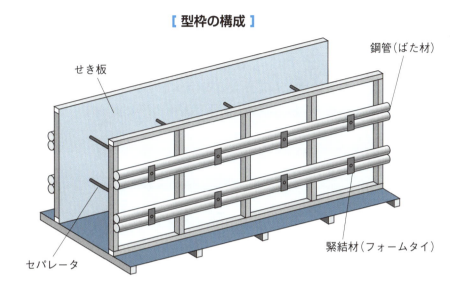

▶型枠工事の流れ

建設時に使用する型枠の形状や寸法、数量などは、設計図書をもとに作成した加工図に基づいて決められます。その内容をもとに、必要な型枠材料を加工場であらかじめ準備しておき、型枠工事を実施する際に受け取るのです。

型枠工事でまず行われるのは、**墨出し**です。これは、柱の中心線や壁や床などの位置について、設計図書をもとに床面などに墨で印などをつけていく作業のことで、この印をもとに型枠を組み立てていきます。正確性を期すために型枠工事中は何度も実施します。次に、型枠の土台となる桟木を設置する**敷き桟**という作業を行います。

次は**型枠の組み立て作業**です。せき板を所定の位置に組み立てつつ、セパレータを取り付けます。**作業中は型枠が垂直水平になっていることを計測しながら、慎重に進めていかなければなりません**。組み立てが完了したら、**鋼管と緊結材で締め付け**を行います。

すべての締め付けが完了したら型枠の完成です。

第5章　コンクリートの施工　115

6 レディーミクストコンクリートの運搬・受け入れ

レディーミクストコンクリートは時間の経過によって品質が低下する傾向があるため、いかにして新鮮さを保って運ぶかが重要なポイントです。また、購入者（施工業者）が受け入れの際に実施する検査についても押さえておきましょう。

▶2種類の運搬

レディーミクストコンクリートの運搬に関しては、厳密には**生コン工場から建設現場への運搬**と**建設現場内での運搬**の2つに分類されます。ただし、後者については打込みを兼ねた運搬である場合が多いため、実質的には打設作業の一部と見なしてもよいでしょう。よって、本節では主に生コン工場から建設現場への運搬について解説します。

▶運搬時間に関する規定

コンクリートは工場での練混ぜとともに凝結が開始するため、迅速な運搬が必須です。運搬時間に関する各種規定は下表のとおりです。

【運搬時間に関する各種規定】

区分	JIS A 5308	コンクリート標準示方書		JASS 5	
限度	練混ぜから荷卸しまで	練混ぜから打込み終了まで		練混ぜから打込み終了まで	
	90分※1	外気温が25℃を超えるとき	90分	外気温が25℃以上	90分※2
		外気温が25℃以下のとき	120分	外気温が25℃未満	120分

※1　購入者との協議のうえ、運搬時間の限度を変更することができる。一般に暑い季節には、その限度を短くするのがよい。また、JIS A 5308では、ダンプトラックでコンクリートを運搬する場合の運搬時間の限度を60分以内としている。
※2　高流動コンクリートおよび高強度コンクリートについては、120分以内としている。

ここで注意しなければならないのは、JIS規格とそれ以外とでは限度時間の範囲が異なるという点です。JIS規格では、生コン工場での練混ぜ開始から建設現場での荷卸し地点までの時間を90分としています。一方、コ

116

ンクリート標準示方書とJASS 5での規定は、生コン工場での練混ぜから建設現場での打込み終了までの時間が90分もしくは120分となっているため、実質的な運搬時間はJIS規格よりも短いのです。よって、**コンクリート標準示方書やJASS 5の規定を満たすために、打込みなどに必要な時間を踏まえて運搬時間を決めるのが一般的です。**

▶生コン工場から建設現場への運搬

通常、**生コン工場から建設現場への運搬にはトラックアジテータが使用されます**が、スランプ2.5cmの舗装用コンクリートおよび振動ローラ締固め工法用の硬練りコンクリートの運搬ではダンプトラックを使用する場合があります。

コンクリートのスランプや空気量は運搬中に低下する傾向にあり、運搬中においても現場に荷卸しするまでコンクリートの均一性を保持し、材料分離が生じないようにしなければなりません。

【 建設現場への運搬 】

▶受け入れ検査

レディーミクストコンクリートが現場に到着したら、購入者(施工業者)は注文した製品の納品であることを伝票で確認したうえで要求した品質であるか否かを検査します。これを**受け入れ検査**といい、**要求した品質から外れていた場合には不合格として受け入れを拒否できるのです**。逆に、検査で合格したレディーミクストコンクリートの品質に関する責任は、購入者側に移行されます。

受け入れ検査は、強度、スランプまたはスランプフロー、空気量および

第5章 コンクリートの施工

塩化物イオン含有量について行うことがJIS規格で規定されていますが、ほかの項目を加えることも可能です。

　検査の頻度は、強度については高強度コンクリートの場合100m^{3}ごとに1回、そのほかのコンクリートは150m^{3}ごとに1回の割合を標準とします。1回の試験結果は、任意の1運搬車から採取した試料で作成した3個の供試体の平均値で表すよう規定されています。強度以外の項目については、検査頻度の基準はありませんが、通常は圧縮強度試験用の供試体を採取する際に実施されます。

　スランプまたはスランプフロー、空気量の許容差は下表のとおりです。

【荷卸し地点でのスランプの許容差】

スランプ	スランプの許容差
2.5cm	±1cm
5cmおよび6.5cm	±1.5cm
8cm以上18cm以下	±2.5cm
21cm	±1.5cm

【荷卸し地点でのスランプフローの許容差】

スランプフロー	スランプフローの許容差
50cm	±7.5cm
60cm	±10cm

【荷卸し地点での空気量の許容差】

コンクリートの種類	空気量	空気量の許容差
普通コンクリート	4.5%	
軽量コンクリート	5.0%	±1.5%
舗装コンクリート	4.5%	
高強度コンクリート	4.5%	

塩化物イオン含有量については、荷卸し地点で塩化物イオン量が0.30kg/m^{3}以下であることとします。ただし、上限値を指定してある場合は、それ以下とします。上限値は0.60kg/m^{3}以下に設定することができます。

　なお、塩化物イオン含有量の検査は、工場出荷時の実施で荷卸し地点での所定の条件を満たすことが可能なので、工場出荷時に検査を済ませることも多いです。

7 コンクリートの打設

現場まで運ばれてきたレディーミクストコンクリートを型枠内に流し込んで隅々まで行きわたらせる作業が打設です。打設には大きく分けると打込みと締固めがあり、どちらもコンクリート構造物の完成度を左右する重要な作業です。

▶打設とは

レディーミクストコンクリートが現場に到着して受け入れ検査で品質にも問題がないことが確認できたら、いよいよコンクリートを型枠内に流し込む工程です。これを打設といいます。**打設は、打込みと呼ばれるコンクリートを流し込む作業と、締固めと呼ばれる流し込んだコンクリートに振動を与えて型枠の隅々まで行きわたらせる作業に分かれます。**なお、狭義では打込み作業のみを打設とする場合もあります。

▶建設現場内での運搬および打込みに使われる設備・器具

トラックアジテータで現場へと運ばれてきたレディーミクストコンクリートは、荷卸しとして別の運搬設備・器具に移されます。そして、流し込みを行う箇所へと運ばれ、そのまま流し込まれます。これが**打込み**です。

このときに使われる設備・器具には、コンクリートポンプやバケット、シュート、ベルトコンベア、一輪車などがあり、**構造物の規模や構造にもよりますがコンクリートポンプが主流といえるでしょう。**

コンクリートポンプは圧力をかけてコンクリートを送り出す機器で、ピストン式とスクイーズ式の2種類があります。

①**ピストン式**：ピストンを交互に駆動することによりシリンダーからコンクリートを押し出す方式です。大きな吐出圧力が得られて長距離圧送が可能ですが、圧送中に脈動が生じることがあります。

②**スクイーズ式**：ローラでポンピングチューブを順次押しながら回転させ

第5章 コンクリートの施工 **119**

て、コンクリートを連続して圧送する方式です。

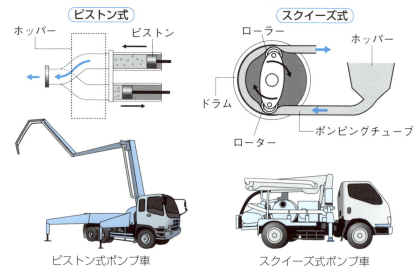

コンクリートポンプ以外の主な設備・器具の特徴は次のとおりです。
- **バケット**：底部に開閉式の排出口を備えた容器で、タワークレーンなどで吊り上げて運搬し、目的の場所に着いたら排出口を開いて流し込みを行います。
- **シュート**：高所から低所へコンクリートを流す器具です。管状の**縦シュート**とU字型の断面の**斜めシュート**の2種類があり、縦シュートはコンクリートを垂直気味に流し、斜めシュートは滑り台の要領で流します。斜めシュートでは摩擦による材料分離が生じやすいため、基本的には縦シュートの使用が推奨されています。なお、トラックアジテータにもシュートが備え付けられていて、荷卸しの際に使われます。
- **ベルトコンベア**：硬練りコンクリートを水平に連続して運搬するのに適した設備です。打込みの際は、コンクリートを受け止めるためにバッフルプレート（当て板）と漏斗管をベルトコンベアの先端部に設置する必要があります。トラックアジテータの中にはベルトコンベアを備えたタイプもあります。
- **一輪車**：人力で少量のコンクリートを運ぶ際に用いられる器具で、長距離の運搬には向いていません。受け入れ検査の際の運搬にも使われま

す。なお、一輪車はネコとも呼ばれ、一輪車に荷卸しして打設箇所まで運搬することをネコ取りといいます。

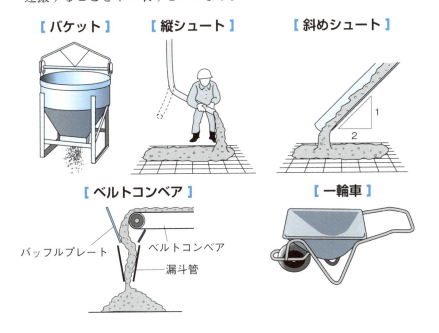

▶コンクリートの打込み

　前項で紹介した設備や器具によって目的の場所までレディーミクストコンクリートを運んだら、そのまま型枠内へと流し込みます。その際、**コンクリートの自重や変形が大きくなる箇所から実施するのが原則です**。例えば床板の場合、端からではなく中央部から打設します。また、傾斜がある箇所では、高いほうからコンクリートを流し込むと低いほうへと流れてしまい材料分離を引き起こす原因となるので、低いほうに流し込みます。

　打込みはあらかじめ計画した区画ごとに行い、**1つの区画が終わってい**

スキルUP!

排出口から流し込む箇所（打込み面）までの落下距離が長すぎると、落下の衝撃が大きくなって材料分離を引き起こしやすくなります。そのため、排出口から打込み面までの距離は1.5m以下が原則です。また、大量のコンクリートが流れ込む圧力で鉄筋の配置や型枠が崩れることがないように、排出位置にも気をつけましょう。

ないうちに次の区画の作業に移ってはいけません。また、1区画内では均等の厚さになるように水平に流し込む必要がありますが、**型枠内に流したコンクリートをむりやり横移動させるのは材料分離の原因となるため厳禁です。**

なお、1区画が広い場合などでは、ある程度の厚さまで全体に流し込んだ後に、その上に新たに流し込む方法をとります。その際、最初に流し込んだコンクリートと次に流し込むコンクリートには時間差が生じるため、層に分かれます。このように**最初に流し込んでから時間をおいてさらに流し込むことを打重ねといいます。**

打重ねを行う場合、その後に行う締固めで各層のコンクリートを一体化させることが重要です。しかし、打重ねの時間間隔が大きいと先に流し込んだコンクリート層の凝結が進んでしまい、一体化が困難となります。そのため、打重ねで許容される時間間隔がJIS規格で定められていて、**外気温25℃以下の場合は150分以内、25℃以上を超える場合は120分以内に打重ねを行わなければなりません。**また、1層あたりの厚さは40〜50cm以下を標準とします。

すべての区画の型枠にコンクリートを流し込んだら打込みの完了です。

【 打込み 】

1.5m以下

1層40〜50cm

型枠

ブリーディング

スキルUP!

打込み後、時間が経つとコンクリート表面に水分が浮き出てくる場合があります。これは練混ぜ水の一部が分離して上昇してくるブリーディング現象というもので、このブリーディング水が残っているとコンクリートの耐久性を損なうことになるため、しっかりと取り除きましょう。

▶コンクリートの締固め

コンクリートの打込みがある程度進んだら、並行して締固めを行います。**締固めとは、固まっていないコンクリート中に振動を与えることにより、コンクリート内部に残っている空気などの異物を取り除いて型枠全体**

にコンクリートを行きわたらせる作業です。締固めを行わないと型枠どおりにコンクリートが固まらないだけでなく、強度が著しく損なわれてしまいます。

締固めの方法としては、**内部振動機（バイブレータ）をコンクリート内に差し込んで、コンクリート内部から振動を与えるのが主流**で、ほかに型枠の外部から振動を与える方法やコンクリート表面から振動を与える方法などもあります。ここでは内部振動機による締固めについて解説します。

まず、**内部振動機は垂直に挿入するのが原則**で、斜め方向に挿入すると振動が適切に伝わらない箇所が生じる場合があるので厳禁です。また、すべてのコンクリートに十分な振動が伝わるように、**挿入の間隔は50～60cm以下**とします。ただし、振動機が鉄筋などの設置物と接触することのないように、挿入位置にも注意が必要です。

打重ねによって層ができている場合、振動機の先端が一番下の層に10cm程度の位置まで差し込まれるようにします。**層の分かれたコンクリートを一体化させるためには、最下層まで挿入することが不可欠です。**

振動機の挿入や引き抜きは、ゆっくりと行うことが原則です。急激に動かすと挿入によって生じた穴の跡が残りやすくなるためです。また、**一度挿入した振動機を横方向へ移動させてはいけません。**

1箇所あたりの振動時間は5～15秒程度が基本です。振動時間が長すぎると、配合条件によっては材料分離を招くこともあります。

以上の点を注意しながらコンクリート全体に締固めを施したら、基本的には打設の工程は完了です。なお、その後にブリーディング現象がある程度進んだ段階で、内部振動機を再度コンクリートに挿入して分離状態の是正などを行うこともあります。この作業を**再振動締固め**といいます。

【 締固め 】

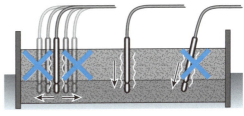

第5章 コンクリートの施工

▶コンクリートの打継ぎ

規模の大きい型枠などに打込みを行う場合、工程の都合上複数回に分けてコンクリートを打ち込むことになります。これを**打継ぎ**といいます。

打継ぎを行った場合、先に打ち込んだコンクリートと後に打ち込んだコンクリートには打継目と呼ばれる区切りが生じ、この部分は強度が下がってしまいます。できるだけ強度を維持するために打継目にモルタルを塗布して密着性を高める方法などもありますが、**そもそも構造物全体の強度に影響がおよばない箇所に打継目を設けるように、あらかじめしっかりと計画しておく必要があります。**

なお、鉛直方向にコンクリートを打ち継いだ場合、打継目が水平となることから**水平打継目**と呼ばれます。一方、水平にコンクリートを打ち継いだ場合には打継目は鉛直方向にできます。よって、この打継目は**鉛直打継目**といいます。

打継目の位置は基本的には次のようなルールに基づいて決められます。

- 打継目はできるだけせん断力の小さい位置に設け、打ち継いだ面を部材の圧縮力の作用方向と直交させます。
- 梁および床の場合、打継目はスパンの中央付近または端から1／4の位置あたりに設けます。
- 柱および壁に設ける水平打継目は、床や梁の下端または床や梁、基礎梁の上端とします。

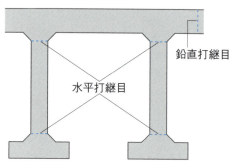

【 2種類の打継目 】

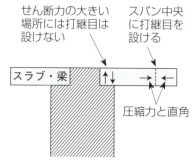

【 打継目の位置 】

8 コンクリートの養生

打設の完了したコンクリートは、水和反応が進んでしっかりと硬化するまでの間、乾燥や凍結から保護しなければなりません。そのための作業が養生です。型枠の解体後に露出したコンクリート面にも養生が必要となります。

▶養生とは

打設したコンクリートが所定の硬化状態となるには、通常1〜3ヵ月程度かかります。**その間にコンクリートを保護する作業が養生です。**具体的にはコンクリート表面を直射日光や風から保護し、湿潤状態や適切な温度を保つことで、乾燥や凍結を防ぎます。

これまで何度も説明してきたとおり、コンクリートはセメントと水の水和反応によって固まります。そのため、乾燥によってコンクリート内の水分が失われると、水和反応が止まりコンクリートの強度が不足してしまいます。そのため、**特に硬化の初期段階に養生によって湿潤状態を維持することが重要です。**これを**湿潤養生**といいます。

また、低い気温（4℃以下）の環境下でコンクリートの温度が低下すると、コンクリートは凍結します。硬化の初期段階での凍結は品質面にも悪影響をおよぼすため、養生によってコンクリートの保温も行うのです。このような目的で行う養生を**温度制御養生**といいます。

▶湿潤養生の方法

乾燥を防ぐために実施する湿潤養生には、被膜養生や散水養生、膜養生などの方法があります。

- **被膜養生**：コンクリート表面を水密シートで覆うことで湿潤状態を維持し、さらに養生マットで覆うことで乾燥や温度低下を防ぐ方法。
- **散水養生**：コンクリート表面に直接水をかけることで湿潤状態を維持す

第5章　コンクリートの施工　**125**

る方法。
- **膜養生**：コンクリート表面に養生剤を塗布して、コンクリート中の水分の放出を防ぐ膜を形成させて湿潤状態を維持する方法。

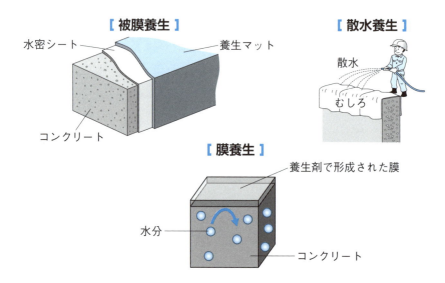

　なお、湿潤養生の期間については、コンクリート標準示方書とJASS 5でそれぞれ下表のとおりに規定されています。ただし、あくまで目安なので、環境や配合などの条件をもとに適切な期間を検討しなければなりません。

【湿潤養生の期間（コンクリート標準示方書の場合）】

日平均気温	早強ポルトランドセメント	普通ポルトランドセメント	混合セメントB種
15℃以上	3日	5日	7日
10℃以上	4日	7日	9日
5℃以上	5日	9日	12日

【湿潤養生の期間（JASS 5の場合）】

セメントの種類	短期および標準	長期および超長期
早強ポルトランドセメント	3日以上	5日以上
普通ポルトランドセメント	5日以上	7日以上
その他のセメント	7日以上	10日以上

▶温度制御養生の方法

凍結を防ぐために実施する温度制御養生には、保温養生や給熱養生などの方法があります。

- **保温養生**：外気との接触を遮断することで温度低下を防ぐ方法。断熱シートなどで覆う方法などが一般的です。
- **給熱養生**：コンクリートをシートや養生上屋で覆い、その内部をヒーターや電熱線、練炭などで加熱することで温度低下を防ぐ方法。

▶型枠の解体とその後の養生

コンクリートの打設が完了して初期養生を行っている間も、型枠は取り付けたままとなります。強度が低い段階で外部からの衝撃などを受けるとコンクリートの変形や破損につながるため、型枠で保護するのです。また、型枠を解体するとコンクリートの露出面が増えるので、そこから水分の蒸発などが起こって水和反応が止まってしまう可能性もあり、**型枠をいつ解体するかは慎重に決めなければなりません**。

解体を実施する時期については、JASS 5で下表のように規定されています。

【型枠の解体時期】

項目		基礎・梁側面・柱および壁		
セメントの種類		早強ポルトランドセメント	普通ポルトランドセメント	混合セメントB種
コンクリートの圧縮強度		・短期および標準：5N/mm²以上 ・長期および超長期：10N/mm²以上		
コンクリートの材齢	日平均気温20℃以上	2日	4日	5日
	日平均気温10℃以上20℃未満	3日	6日	8日

型枠の解体よって露出したコンクリート面にも湿潤養生が必要です。通常は散水養生やビニールシートによる被膜養生などを行います。

コラム

■施工不良によって生じるコンクリートの変状

正しい施工を行えばコンクリートは高い耐久性を備えることができますが、施工が不適切な場合、できあがったコンクリートに不具合が生じるケースがあります。

ここでは、施工不良で見られる代表的なコンクリートの変状を2つ紹介します。

①豆板（ジャンカ）

豆板（ジャンカ）は、打設したコンクリートの一部分に粗骨材のみが集中し、その箇所での細骨材やモルタルなどの不足により、すきまの多い状態となる現象です。豆板が生じている箇所では表面がボコボコしたような状態となるため、その見ためから「あばた」とも呼ばれます。すきまが多いことからもわかるとおり、豆板は強度の低下の原因となるので、防止を徹底すべき現象の1つといえます。

豆板は、不適切な打込みや締固めによる材料分離が主な原因です。高い位置から落下させるような打込みや、締固め時間や間隔の不足などで生じることが多いので、注意しましょう。

②コールドジョイント

コールドジョイントは、コンクリートの打重ねでの時間間隔が大きく空いてしまった場合に、先に打ち込んだコンクリートと後から打ち込んだコンクリートの境目が一体化せず、断層のような状態となる現象です。コンクリートの強度が大きく損なわれ、コールドジョイントが生じている箇所からひび割れが起きたり劣化因子が浸入したりします。

そのため、打重ねを行う際は時間間隔をできるだけ短くし、各層が一体化するように締め固めることが重要です。

第 6 章

さまざまな
コンクリートの
特徴と用途

本章では、第1章のP.15〜17
で紹介した各種コンクリートを詳
しく取り上げます。いずれも独自
の性質や特徴をもっていて、さま
ざまなシーンで活躍しています。
一方で、それぞれに弱点や注意点
などもあるので、適切な使い方を
押さえましょう。

1 寒中コンクリート

　フレッシュ状態のコンクリートは実は寒さに弱く、劣化などの悪影響を招きやすいです。そこで、冬の時期などにおける低温の環境下でのコンクリート施工では、寒中コンクリートが使われます。

▶寒中コンクリートとは

　コンクリートは－0.5～－2℃で凍結するとされています。厳密にはセメントや骨材ではなく水が凍結し、体積が膨張することでコンクリート内部の組織が脆くなるのです。その結果、強度が損われ、耐久性や水密性などが著しく低下してしまいます。これが凍害と呼ばれる劣化現象です。

　また、凍結にまで至らなくとも、約5℃以下の低温にさらされると、コンクリートは凝結が遅くなります。そのため、早期に荷重を受ける構造物ではひび割れや変形が起こりやすいです。

　そのような場合に寒中コンクリートを使うことにより、それらの防止を図ることができます。1日の平均気温が4℃以下になることが予想されるときは、寒中コンクリートで施工を行います。

▶寒中コンクリートの材料と配合

　寒中コンクリート用に一般的に使われる材料を紹介します。

　まず、セメントには、ポルトランドセメントや混合セメントB種が使われます。なお、凝結を促進させる目的でのセメントの加熱は、むしろコンクリートの品質に悪影響をおよぼしてしまうため厳禁です。

　骨材には均等質で過度に乾燥しないものが使われます。セメントと同様、加熱してはいけません。凍結した骨材や氷雪の混入した骨材も使用には不適切なので、管理には注意しましょう。また、寒中コンクリートではAEコンクリート（P.159参照）の使用が原則なので、混和剤にはAE剤やAE減水剤、高性能AE減水剤が使われます。

130

配合については、単位水量をできるだけ小さくし、水と骨材の混合物の温度は40℃以下にしておきます。

▶寒中コンクリートの打設

寒中コンクリートの施工の際には、打込み時のコンクリート温度を5～20℃の範囲を保つ必要があります。 練り混ぜはじめてから打ち終わるまでの時間はできるだけ短くし、温度低下を防ぐようにします。

また、鉄筋や型枠に氷雪が付着しないように注意しましょう。

▶寒中コンクリートの養生

寒中コンクリートの養生の際も凍結の防止が重要となります。**養生時のコンクリート温度は常に5℃以上に保ち、凍害が生じない段階までコンクリートが固まるまでは、少しの凍結も起こしてはいけません。**

保温養生あるいは給熱養生が終わった後、急に寒気にさらすと表面にひび割れが生じるおそれがあるため、適切な方法で保護し、徐々に冷やしていくようにしましょう。

養生期間は、コンクリートが5 N/mm^{2}の圧縮強度を得るまでとすることが原則です。

[寒中コンクリートの養生]

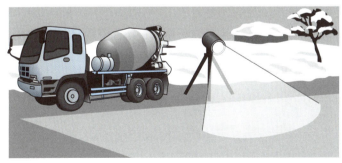

第6章 さまざまなコンクリートの特徴と用途

2 暑中コンクリート

　夏場のように気温が高い状況では、水分の蒸発や早期凝結によるコンクリートの品質低下が起こりやすいです。そのため、暑中コンクリートを使用するとともに、高温化や乾燥などに注意する必要があります。

▶暑中コンクリートとは

　コンクリートは、気温が高い環境では凝結が早く、水分蒸発も多くなります。凝結が早いと、初期には強度が発現するものの長期強度は小さくなる傾向があり、急激な水分の蒸発はコールドジョイントやプラスティック収縮ひび割れを誘発します。さらに、スランプの低下が大きくなるため、作業性が損なわれてしまいます。

プラスティック収縮ひび割れとは、コンクリートの打込み直後にコンクリート表面に発生する亀甲状のひび割れのことで、表面部分の急激な乾燥を原因とする現象です。なお、ここでの「プラスティック」とは素材のプラスティックのことではなく、プラスティック状態(外部からの力で変形しやすい状態)を意味しています。

　これらの問題の防止を図るために暑中コンクリートが使われます。特に**1日の平均気温が25℃を超えることが予想される環境下では、暑中コンクリートでの施工が必要です。**

▶暑中コンクリートの材料と配合

　暑中コンクリートは気温が高く凝結の早い環境下で使用されるため、材料には凝結に時間がかかるものが望ましいです。セメントの場合、早強性および高温のものは使われません。骨材や水についても、なるべく温度の低いものを使用します。混和剤には、遅延型あるいは高性能AE減水剤が有効です。

配合については、所要の強度やワーカビリティーが得られる範囲で、単位水量と単位セメント量をできるだけ小さくします。また、空気が入りにくくなるため、温度が高くなるとAE剤の添加量を多めにします。

なお、骨材の表面水率の設定を変える方法でスランプ調整すると、気温が低い時期の施工と比べて単位水量が大きくなってしまい、できあがったコンクリートの圧縮強度が低くなってしまう可能性があります。そのため、骨材の表面水率の設定でスランプ調整をする場合は、併せて単位水量の調整も行うようにしましょう。

スキルUP!

暑中コンクリートでは、コンクリートの温度を下げるために練混ぜ水の一部に氷を用いることがあります。この場合、練混ぜ中に氷が完全に溶けなければならないため、適切な量を事前に確認するようにしましょう。

▶暑中コンクリートの打設

暑中コンクリートの施工では、寒中コンクリートの場合とは逆に、コンクリートの高温化を防止しながら作業を進めることが重要です。

コンクリートを打ち込む前は、地盤や型枠などのコンクリートから吸水するおそれがある箇所を湿潤状態に維持しなければなりません。また、型枠や鉄筋などが直射日光を受けて高温になることが予想される場合には、散水をしたり覆いを施したりするなどの処置も必要です。

打込み時のコンクリートの温度は35℃以下を保ち、練り混ぜはじめてから打ち終わるまでを短時間で済ませましょう。指針などでは90分以内を原則としています。また、打込みの際は、コンクリートが接する部分には散水し、十分に濡らした状態にしておかなければなりません。

スキルUP!

暑中コンクリートは夏場の高い温度の環境下での施工となるため、作業中は熱中症などにも注意が必要です。作業リーダーは、作業員たちの体調にも配慮して安全管理を意識しましょう。

第6章　さまざまなコンクリートの特徴と用途　**133**

▶暑中コンクリートの養生

　暑中コンクリートの養生では、コンクリートの高温化や乾燥を防止することが重要となります。また、コンクリートが直射日光や風にさらされると、急激に乾燥してひび割れを生じやすくなるので、打込み後は速やかに養生しなければなりません。

　養生の方法としては、散水保水マット、濡れた麻袋やシートによる覆い、養生剤の塗布、湿砂の散布などが一般的です。いずれもコンクリートの表面を保護して直射日光や風を避けることができます。さらに、水分の急激な発散を防ぐために、養生中も常にコンクリートを湿潤状態で維持するようにしましょう。

コラム　暑中コンクリートは何℃まで許容される?

　暑中コンクリートの温度管理は、施工の成否を左右する重要な要素です。コンクリート標準示方書やJASS 5では、荷卸し時の温度を35℃以下と規定しています。本書でもP.133にて「暑中コンクリートの打込みは35℃以下を保つ」と解説しました。ただ、実はこの温度の上限についての認識は変わりつつあります。

　というのも、最新の研究では、暑中コンクリートの温度が38℃までであれば、35℃以下の場合と比較しても強度などの品質面に大きな違いは生じないという結果が出ているためです。ただし、スランプ低下などの影響は見られるため、高性能AE減水剤の添加量を増やすなどの対策は必要となります。

　近年の温暖化の影響もあり、夏場のコンクリートの温度管理は容易ではありません。今後各指針での基準の引き上げが実施されれば、暑中コンクリートがより使いやすくなることも期待できるでしょう。

3 マスコンクリート

体積や重量の大きいマスコンクリートは大規模な構造物で活用されていますが、温度ひび割れと呼ばれる特有のひび割れを招きやすいという弱点を抱えています。施工時にはこのひび割れを防ぐことが重要です。

▶マスコンクリートとは

体積や重量が大きなコンクリートを**マスコンクリート**といい、ダムや橋、構造物のフーチング（基礎の底版部分）などに使用されます。ただし、マスコンクリートの厳密な定義はコンクリート標準示方書とJASS 5でばらつきがあります。

マスコンクリートの「マス(mass)」とは、「大きな塊」などを意味する英語で、体積や重量が大きいコンクリートであることを表現した名称となっています。

コンクリート標準示方書の場合、「広がりのあるスラブ（床板）で厚さ80～100cm以上、下端が拘束された壁では厚さ50cm以上のもの」をマスコンクリートとしています。

一方、JASS 5では、「マスコンクリートは部材断面の最小寸法が大きくて、水和熱の温度上昇によって有害なひび割れが発生するおそれのあるコンクリート」と定義しています。この場合の部材断面の最小寸法は、壁状部材で80cm以上、マット状部材で100cm以上を目安としています。

▶マスコンクリートで生じやすいひび割れ

JASS 5での定義にもあるように、**マスコンクリートは水和反応熱によって温度が上昇しやすく、それに伴う体積変化によって大きな引張応力が発生し、ひび割れを起こしやすいという特徴があります。**このようにコン

クリートの温度変化によって生じるひび割れを**温度ひび割れ**といいます。
　このひび割れの原因をさらに分類すると、外部拘束を原因とするものと、内部拘束を原因とするものの2種類に分けることができます。

①**外部拘束によるひび割れ**：コンクリートの材齢がある程度進行した後に発生する貫通ひび割れのこと。新設コンクリート全体の温度が降下するときの収縮変形が、既設コンクリートや接する岩盤により拘束されて生じます。

②**内部拘束によるひび割れ**：初期の段階で発生する表面のひび割れで、コンクリート表面と内部の温度差から生じる内部拘束応力により生じます。

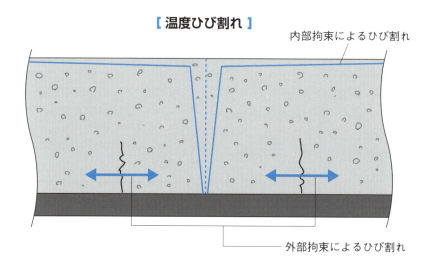

[温度ひび割れ]

▶マスコンクリートの材料

　マスコンクリートを用いる際は、温度ひび割れの発生を抑制することが重要となります。温度ひび割れがコンクリートの水和熱によって生じる現象であることから、使用するセメントについては、発熱量の低いものが望ましいです。具体的には、低熱ポルトランドセメント、中庸熱ポルトランドセメント、高炉セメント、フライアッシュセメントなどが選ばれます。

　また、マスコンクリートでは大量のコンクリートを連続して施工する必要が多いため、複数の生コン工場からコンクリートを調達するのが一般的です。その場合、使用されるセメントや混和剤は同じメーカーのもので統

一を図り、骨材も同じ産地のものでできるだけ統一することが原則となっています。メーカーや産地の異なる材料が混ざってしまうと、相性の良し悪しが温度ひび割れの発生に影響を与えてしまうためです。

▶マスコンクリートの施工

施工でも温度ひび割れの発生抑制を意識する必要があり、特にコンクリートの温度管理をしっかり行わなければなりません。

練混ぜ時には、氷や冷水を練混ぜ水に用いたり、骨材を冷却させたりして、コンクリートの温度を下げる方法がとられます。このように材料自体を冷やすことを**プレクーリング**といいます。

打設では、打込みの区画を小さく設定し、打継ぎをする際の時間間隔も短くするのが原則です。また、あらかじめ施工箇所にパイプを通して冷水や冷気を流すことでコンクリート温度を下げる**パイプクーリング**という方法も使われます。さらに、あらかじめ設定した位置に断面欠損部(**ひび割れ誘発目地**)をつくっておき、その箇所にあえてひび割れを生じさせたうえで適切に処理するという制御方法もあります。

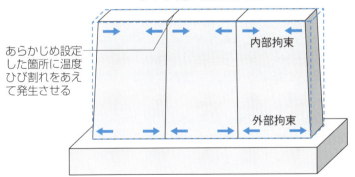

【 ひび割れ誘発目地 】

養生では、コンクリート部材内外の温度差が大きくならないようにして、コンクリート温度をできるだけ緩やかに外気温へ近づけることが重要です。急激に温度を下げるのは、水和反応を止めてしまう原因となるので避けなければなりません。急激な温度低下と乾燥を防止するため、型枠を取り付けている期間も通常よりも長めとするのが一般的です。

4 舗装コンクリート

　道路などの耐久性を向上させるための舗装にもコンクリートが使われます。日本ではアスファルトによる舗装が主流ですが、舗装コンクリートならではの長所もあり、適材適所で活用が望ましいです。

▶舗装コンクリートとは

　舗装コンクリートは、その名のとおり道路などの舗装に使用するためのコンクリートです。ただし、我が国における舗装コンクリートの普及率は、舗装面積全体の5％程度(2006年時点)に過ぎず、大変少ないのが現状となっています。これはアスファルトの舗装が主流となっているためです。

　コンクリートによる舗装とアスファルトによる舗装の特徴についてはP.140で解説していますが、**舗装コンクリートはアスファルトと比較して耐久性が高いことが強みといえます**。そのため、交通量の多い道路や飛行機という重量物が通る空港の滑走路などでは、舗装コンクリートのほうが有効となるケースが少なくありません。また、寿命が長いことから、建設コストと維持管理コストの合計である構造物のライフサイクルコストはアスファルトよりも安くなるので、**長く使用する分には舗装コンクリートのほうが経済的**といえるでしょう。

　さらに、**コンクリートでの舗装は路面温度が上がりにくい**という長所もあり、近年問題となっている都市部の高温化現象(ヒートアイランド)の対策としても効果的だと考えられています。

　なお、P.69などでも解説したとおり一般的なコンクリートの強度は圧縮強度を基準としていますが、**舗装コンクリートに限っては曲げ強度を強度の基準とします**。これは、舗装した道路に最も影響を与える自動車や飛行機などの移動荷重が、曲げの力として作用するためです。

138

[舗装コンクリートの使用例]

道路

空港

▶舗装コンクリートの配合

　舗装コンクリートは、道路に用いる場合の厚さを15～30cm、空港に用いる場合の厚さを27～45cmとするのが基本です。このときの強度は、材齢28日における曲げ強度を基準に、道路の場合が4.5N/mm^2、空港の場合が5.0N/mm^{2}とします。

　スランプは2.5cmを標準として、単位水量は120～140kg/m^{3}程度とするのが一般的です。水セメント比については、凍結融解が繰り返される環境下で使用する場合は45％以下、それよりも頻度が低い場合は50％以下とします。通常のコンクリートよりも粗骨材量を多くし、粗骨材の最大寸法は40mm以下、すり減り減量は35％以下、やわらかい石片の配分量は5.0％以下とするのが基準です。

▶舗装コンクリートの施工

　スランプ2.5cmという硬練りのコンクリートはトラックアジテータでの荷卸しが困難なため、**ダンプトラックでの運搬が基本となります**。打込みでは、密度にばらつきが生じないようにコンクリートを平らに均す敷均しの作業が必要です。また、締固めは打重ねで生じた下層と上層を一度に行うのが原則です。さらに、コンクリートの膨張や収縮によるゆがみを吸収するための継ぎ目（目地）も設けなければなりません。

　養生は膜養生や散水養生によるのが一般的で、曲げ強度が所定の値になるまでを養生期間として設定します。

第6章　さまざまなコンクリートの特徴と用途

▶コンクリート舗装とアスファルト舗装

　舗装には、コンクリートによる舗装とアスファルトによる舗装があります。どちらも優れた点と弱点があるので、用途に応じた使い分けが必要です。両者には次のような違いがあります。

①コンクリート舗装

　コンクリートによる舗装の長所は、耐久性がアスファルトより高い点です。そのため、一度施工したら長く活用することができます。

　一方、コンクリートが固まるまでの時間が必要となることが弱点として挙げられ、道路への舗装の場合、施工後最低1週間は車両を通行させることができません。また、打ち重ねると継ぎ目ができてしまうため、道路としての走行性はあまりよくないです。さらに、取り壊しにコストや労力がかかるため、一度つくってしまうと容易に変更することができません。

通常のコンクリート舗装以外に、超硬練りコンクリートをアスファルトコンクリートと同様の舗設で行う「転圧コンクリート舗装(RCCP)」という舗装方法もあります。

　継ぎ目をできるだけ少なくするために、施工の際はコンクリートが固まらないうちに、一度に目的の場所に打ち込むことが望ましいです。

②アスファルト舗装

　アスファルトを用いた舗装は、材料である砕石・砕石の粉・アスファルト乳剤を加熱混合した合材を目的の場所に舗設したうえで、ローラーでの転圧によって施工します。

　アスファルト舗装の長所には、施工の完了が早い点が挙げられます。コンクリートと異なり、転圧が終われば通行が可能となるので、すぐに道路として運用を開始することができます。また、継ぎ目が生じないので道路としての走行性もよく、高温の環境下でも溶け出すことはありません。さらに、打ち替えが容易なので用途変更などにも対応しやすいです。

　一方、耐久性はコンクリートよりも劣るため、恒久的な利用を目的とした舗装にはあまり適していません。

5 高強度コンクリート

極めて高い強度をもつ高強度コンクリートを用いることで、ひび割れなどの劣化現象を減らすことができます。建物寿命を延ばすことができる観点から高層ビルなどでの普及が進んでいます。

▶高強度コンクリートとは

高強度コンクリートは普通コンクリートよりも強度が高いコンクリートで、高層建築や大スパン建築の実現のために開発されました。

なお、高強度コンクリートの定義については規格や指針でばらつきがあり、JIS規格では呼び強度50～60N/mm²のコンクリートを高強度コンクリートとして規定し

高強度コンクリートの意外な弱点は火災です。火災時にかぶり部のコンクリートが爆裂し、構造物の耐久力を低下させてしまう可能性があるのです。このような背景から、設計基準強度150N/mm²を実現しながらも、耐爆裂性能にも優れた超高強度コンクリートも開発されています。

ています。一方、コンクリート標準示方書では設定基準強度50～100N/mm²のコンクリート、JASS 5では設定基準強度36N/mm²を超えるコンクリートを高強度コンクリートと位置付けています。

▶高強度コンクリートの材料と配合

高強度コンクリートでは、材料の水セメント比を低くして強度を高めています。水セメント比が低いと水和熱によるコンクリート温度の上昇を招きやすくなるため、セメントには低熱ポルトランドセメントや中庸熱ポルトランドセメントのような発熱量の低いセメントが適しています。また、骨材にも硬質砂岩砕石などの堅硬なものを使用するのが望ましいです。なお、**エコセメント、スラグ骨材、回収水は高強度コンクリートには使うことはできません。**

第6章　さまざまなコンクリートの特徴と用途

単位水量を減らすことによる流動性の低下を抑えるため、混和剤が不可欠です。具体的には高性能AE減水剤や高性能減水剤が使われます。また、単位セメント量が大きいためアルカリシリカ反応の原因となるアルカリ総量の抑制が必要となり、対策として混和材にシリカフュームや高炉スラグ微粉末、フライアッシュ、膨張材などが使用されます。

配合については、水セメント比を25〜35％程度とするのが一般的です。また、打込み時のスランプを18〜21cmもしくはスランプフローを50〜65cmの範囲が基準となっています。

▶高強度コンクリートの施工

高強度コンクリートの練混ぜにはバッチ式の強制練りミキサを用います。現場内での運搬にはコンクリートポンプの使用が原則とされていますが、粘性が高い高強度コンクリートについてはコンクリートポンプでは圧送が困難な場合も多いため、バケットの使用も一般的になっています。

練混ぜから打込み終了までの時間については、JASS 5では120分以内に収めることを原則としています。一方、コンクリート標準示方書では外気温が25℃以下で120分以内、25℃超のときは90分以内です。ただし、外気温が25℃を超えている場合でも、高強度コンクリートの品質に影響が出ないことが確認できれば、120分以内でも許容されています。

養生については、打込み直後に速やかにシートやマットで表面を覆い、散水養生や膜養生を実施します。

コラム 高強度コンクリートは大臣認定が必須？

高強度コンクリートの定義（品質基準）がJIS規格や各種指針で異なっていることを紹介しましたが、建築基準法ではJIS規格の規定から外れているものについては、国土交通大臣による認定を受けないと使用できないと定めています。現在の高強度コンクリートはJIS規格の品質基準によるものはほとんど使われていないため、国土交通大臣の認定が一般的といえるでしょう。

6 高流動コンクリート

　高性能AE剤や増粘剤を用いて高い流動性を備えた高流動コンクリートは、締固めをせずに施工することができる点が大きな魅力です。3種類に分けることができ、用途などに応じて使い分けることが重要となります。

▶高流動コンクリートとは

　高流動コンクリートは、フレッシュ時の材料分離抵抗性を損なうことなく流動性を高めたコンクリートのことで、振動による締固め作業を行わなくても、材料分離を生じることなく型枠の隅々まで充填可能という特長があります。

　締固め不要コンクリートや自己充填コンクリートとも呼ばれ、長大橋や斜張橋の主塔、高層ビルなどの大型構造物に用いられます。

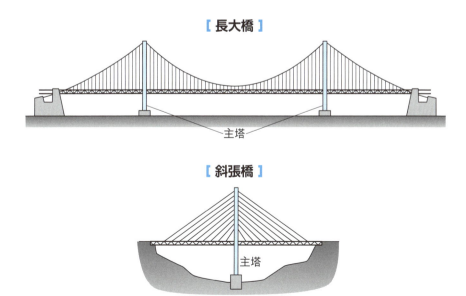

第6章　さまざまなコンクリートの特徴と用途

▶高流動コンクリートの種類

　高流動コンクリートには、粉体系、増粘剤系、併用系の3種類があり、用途によって使い分けられます。

①**粉体系**：主に水粉体比の低減によって適正な材料分離抵抗性を付与し、高性能AE減水剤を用いることで高い流動性を付与したコンクリートです。

②**増粘剤系**：増粘剤により適正な材料分離抵抗性を付与し、高性能AE減水剤を用いることで高い流動性を付与したコンクリートです。

③**併用系**：主に粉体系高流動コンクリートをベースに、増粘剤によってフレッシュ時の品質変動を少なくしたコンクリートです。

　また、土木学会の「高流動コンクリートの配合設計・施工指針」では、高流動コンクリートを自己充填性に応じて3ランクに分類しています。

• **ランク1**：自己充填性が最も高く、鉄筋の最小あき（鉄筋同士の最小の間隔）が35〜60mm程度でも充填できる品質です。

• **ランク2**：鉄筋の最小あきが60〜200mm程度でも充填できる品質です。

• **ランク3**：自己充填性が最も低く、鉄筋の最小あきが200mm程度以上必要とする品質です。

▶高流動コンクリートの材料と配合

　高流動コンクリートは流動性を高めるために、混和剤が欠かせません。いずれの種類の高流動コンクリートでも高性能AE減水剤の使用を基本とし、増粘剤系と併用系では増粘剤も使用します。なお、増粘剤にはセルロース系、アクリル系、バイオポリマー系などがあります。

　また、セメントには低熱ポルトランドセメントや中庸熱ポルトランドセメント、高炉セメント、フライアッシュセメントなど、混和材には高炉スラグ微粉末やフライアッシュ、石灰石微粉末などが使われます。

　配合に関しては、単位水量は165〜180kg/m³程度を標準とします。また、単位粗骨材量は280〜350L/m³の範囲としていて、これは通常のコンクリートの0.7〜0.9倍程度です。

144

▶高流動コンクリートの施工

高流動コンクリートの練混ぜではバッチ式の強制練りミキサが使われます。1回分の練混ぜの量（1バッチの量）はミキサ最大容量の80～90％を標準とし、練混ぜ時間は90秒以上かけるようにします。

現場内での運搬にはコンクリートポンプの使用が一般的です。ただし、高流動コンクリートの圧送は、通常のコンクリートよりもエネルギーを必要とする（圧力損失が大きい）ため、圧力損失を減らす目的で輸送管を4～5インチにしたり、配管経路（水平換算距離）を300m以下に設定したりする必要があります。

また、高流動コンクリートは高い材料分離抵抗性をもつものの、それは適切な打込みが前提です。例えば、排出の際の落下高さを材料分離が生じない範囲で設定するとともに、水平方向へ流れた場合の距離（最大水平流動距離）を8～20m以下としなければなりません。

コラム　工事の自動化への貢献が期待される高流動コンクリート

近年、建設業界の人材不足が大きな問題となっています。そのような背景もあり、施工業者などではさまざまな新技術の開発や導入も進め、これまでより少ない人手で高品質の施工を実現する方法を模索しているのが現状です。

一方、入念な締固めを実施しなくても高い充填性をもつ高流動コンクリートは、将来的な工事の自動化や少人数化での活用が見込めるコンクリートとして期待されています。例えば2017年には、大手建設会社の鹿島建設が岩手県のトンネル工事で自社開発したトンネル覆工用の高流動コンクリートを初めて使用して、初期強度の発現やコストなどの面で良好な成果を挙げたと報告しています。

建設業界を取り巻く環境が大きく変化している中、それに応えるようにコンクリートも進化を続けています。高流動コンクリートについても今後もさまざまな新技術が登場することでしょう。

第6章　さまざまなコンクリートの特徴と用途　**145**

7 流動化コンクリート

　流動化コンクリートは、流動化剤によって流動性を高めているコンクリートです。流動化コンクリートのもととなるベースコンクリートの材料や配合についても考慮する必要があります。

▶流動化コンクリートとは

　流動化コンクリートとは、あらかじめ練り混ぜられたコンクリート（ベースコンクリート）に流動化剤を添加し、撹拌することにより、流動性を増大させたコンクリートのことです。
　単位水量、単位セメント量を増やさずにスランプを大きくすることで施工性の改善を図るもので、プレキャストコンクリート（P.177参照）などに使用されます。

【 プレキャストコンクリートでの使用 】

▶流動化コンクリートの材料と配合

　流動化コンクリートはベースコンクリートに流動化剤を添加したものなので、**材料と配合についてはベースコンクリートと流動化コンクリートの両面から考慮しなければなりません**。よって、流動化させた後に所定の品質になっているかを確かめるため、実際の施工条件に近い状態を再現して試し練りを行うことが重要となります。

　使用するセメントは普通ポルトランドセメントが一般的です。骨材については、流動化後を踏まえた品質のものを選定する必要があります。特に比較的硬練りのベースコンクリートを流動化して用いる場合、ベースコンクリート時には問題のなかった骨材の粒度や粒形などが、流動化後のワーカビリティー低下や材料分離の発生を招く原因となることも少なくありません。

　強度や空気量については、ベースコンクリートと流動化コンクリートで同じ程度となるようにします。細骨材率についても流動化コンクリートのスランプ時と同程度になるように調整が必要です。

　単位水量は、同一のスランプにおけるAE減水剤を用いたコンクリートと比較して8～12％減らしたものを標準とします。また、流動化剤を用いたことによるスランプの増大量は10cm以下としなければなりません。通常は5～8cmが標準です。

▶流動化コンクリートの施工

　流動化コンクリートは、生コン工場での製造した時点ではベースコンクリートの状態です。**流動化させてから20～30分以内に打込みを完了させるのが原則のため、ベースコンクリートに流動化剤を添加した段階でトラックアジテータに積み込み、撹拌しながら運搬するのが一般的となっています**。

　また、流動化コンクリートを打ち重ねるとコールドジョイントが生じやすいため、打重ね時間の間隔は通常よりも短くします。

　打設後の養生については、プラスティック収縮ひび割れの防止のため、初期養生を十分に行うことが重要です。

第6章　さまざまなコンクリートの特徴と用途　**147**

8 水中コンクリート

水の中で使用する構造物をつくるために、水中で施工するコンクリートを水中コンクリートといいます。水中は材料の分離が起こりやすい環境のため、特殊な混和剤や工法を用いる必要があります。

▶水中コンクリートとは

護岸や防波堤、海や河川にかかる橋脚の基礎などとして使用する構造物については、水面下でのコンクリート施工が必要となります。このときに使われるコンクリートが**水中コンクリート**です。ただし、水の影響でコンクリートの材料分離や強度低下が生じやすいため、基本的には水中コンクリートを使用しない方法を検討することが大前提となります。

▶水中コンクリートの分類

水中コンクリートは次の3種類に分類することができます。

①**一般的な水中コンクリート**

混和剤として減水剤を添加しているコンクリートです。

②**水中不分離性コンクリート**

水中不分離性混和剤と呼ばれる混和剤で粘性を高めて、水中での材料分離に強くしたコンクリートです。

③**場所打ち杭・地下連続壁用の水中コンクリート**

基礎などとしてつくられる場所打ち杭や地下連続壁のための水中コンクリートです。場所打ち杭や地下連続壁の施工にはさまざまな工法がありますが、基本的には地下深くまで穴を掘る必要があり、その際には孔壁の崩壊を防ぐために安定液（人工泥水など）を流します。掘削が完了したら鉄筋かごを挿入したうえでコンクリートを打ち込みます。このコンクリートが水中コンクリートに該当します。場所打ち杭や地下連続壁での水中コンクリートの施工は、打設の深さや面積が大きいという特徴があり、後述のト

148

レミー工法での打込みを原則としています。

　なお、水中コンクリートでは水に直接触れると材料分離が起こりやすいため、コンクリートポンプ工法やトレミー工法などの水に触れずに打設する方法が用いられます。

- **コンクリートポンプ工法**：陸上または海上に設置したコンクリートポンプからコンクリートを水底へ圧送して打設する方法です。管の先端を打込み済みのコンクリート中に比較的長距離まで圧送できるのが利点といえます。

- **トレミー工法**：直径30cm弱で上端にホッパーを備えたトレミー管を打込み箇所の底部に設置してコンクリートを流し、打込みの進行とともに上方へ抜いていくことで材料分離を防ぎながら打設する方法です。トレミー管の操作に熟練が必要ですが、適切に施工すれば空気中の施工と同様の強度を実現することができます。

　また、ほかにも袋詰めコンクリートや底開き容器(P.151参照)を用いる方法や、プレパックドコンクリート(P.159参照)として施工する方法などもあります。

［ トレミー工法 ］

トレミー管

上方に引き上げる

第6章　さまざまなコンクリートの特徴と用途　**149**

▶水中コンクリートの配合

　水中コンクリートは、水中という特殊な環境下で使用されるため、特にワーカビリティーやコンシステンシーが良好であることと、粘性が高くて材料分離が生じにくい配合設計を心がけなければなりません。 また、強度低下を見越して過度に高強度にするよりも、均一な品質となることのほうが重要です。

　単位セメント量は370kg/m³以上を標準とし、水セメント比は50％以下となるように設定します。ただし、場所打ち杭・地下連続壁用の水中コンクリートの場合は、単位セメント量350kg/m³以上、水セメント比55％以下が標準です。また、細骨材率は通常よりも高くしなければなりません。

　強度については、水中施工時の強度を標準的な供試体の強度に対して0.6〜0.8倍で設定します。打込み時のスランプは工法によって異なり、通常はコンクリートポンプ工法やトレミー工法の場合には13〜18cm、底開き箱などを用いる場合には10〜15cmを標準としますが、場所打ち杭・地下連続壁用の水中コンクリートの場合は18〜21cm（トレミー工法）で設定するのが一般的です。

▶水中コンクリートの施工

　水中コンクリートの施工では、水との直接的な接触を避けることが重要です。 水中不分離性コンクリートについては水に触れても材料分離や強度低下が生じにくい製品もありますが、コンクリートポンプ工法やトレミー工法で水に接触させずに打設するのが基本となります。なお、水中コンクリートでは振動機などによる締固めを行うことはできません。

　打込みは水の流れが生じていない状況での実施が原則です。その状況を実現するのが困難な場合でも、許容される流速は5cm/s（1秒あたり5cm）とします。また、コンクリートが硬化するまでの間、水の流動を防ぐ措置も施す必要があります。

　コンクリートポンプ工法もトレミー工法も基本的な打設方法は同様で、管の先端を打込み済みのコンクリートに挿入した状態を維持しながら、次々と打ち込んでいきます。コンクリートポンプ工法の場合の挿入深さは30〜50cm、トレミー工法の場合の挿入深さは2m以上が標準です。

また、場所打ち杭・地下連続壁用の水中コンクリートの施工時には、打込みに先立ってスライム（掘削した穴に沈降した土砂）の除去を行わなければなりません。

▶そのほかの水中コンクリート工法

　構造物基礎の捨てコンクリートや、背面土砂の流出を防止する漏洩防止などのように、所要のコンクリートの品質があまり厳しくない場合には、下記のような水中コンクリート工法も使われます。

①**袋詰めコンクリート**：袋には麻や綿あるいは合成樹脂などの荒めの布を使い、コンクリートを2／3ほど充填して口を縛り、所定の個所に並べ、設置していきます。

②**底開き容器**：底開きの容器にコンクリートを満たし、静かに吊り下して、容器が水底、あるいはすでに打ち込んだコンクリート面に達したら、容器下端の排出口を開きます。その後、徐々に容器を引き上げると、コンクリートは自重により流下します。

③**直接打設**：水深が1〜2mなどと浅い場合には、直接コンクリートを打ち込む方法もあります。

[袋詰めコンクリート]

[底開き容器]

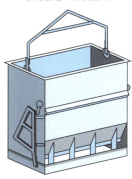

第6章　さまざまなコンクリートの特徴と用途　151

9 海洋コンクリート

海洋コンクリートは、海水のある環境下の構造物に使われるコンクリートです。海洋コンクリートは海水を原因とする劣化が生じやすいため、その対策を講じることが不可欠となります。

▶海洋コンクリートとは

海洋コンクリートとは、海水に接する環境や、直接波しぶきを受ける環境、飛来塩分の影響を受ける環境で使用するコンクリートを指します。ただし、直接海水の作用を受けるコンクリートだけでなく、波や飛沫などにより間接的に海水の作用を受けるコンクリートも海洋コンクリートとして扱うのが一般的です。

海水などに含まれている塩分（塩化物イオン）は、鉄筋コンクリートの鉄筋を腐食させる塩害という劣化現象を引き起こす原因となります（詳しくはP.196参照）。また、海水成分の化学作用によるコンクリートの劣化も起こりやすいだけでなく、波の衝突や凍結融解などの物理的な作用によるコンクリート表面の損傷も生じやすいです。そのため、海水に近い環境下で使用する海洋コンクリートでは、これらの劣化をもたらす現象への対策が必須となります。

▶海洋コンクリートと海水の位置関係

海洋コンクリートと海水の位置関係によって、塩害などの影響が大きく異なります。この位置関係については、海上大気中、飛沫帯、干満帯、海中の4種類に分けて考えるのが一般的です。

- 海上大気中：平均満潮面（満潮時の海水面の平均）で生じる波の高さよりも上部の位置を指します。海水が直接当たることのない位置です。
- 飛沫帯：平均満潮面からその位置で生じる波の高さまでの範囲を指します。波が構造物に直接当たる位置です。

152

- **干満帯**：平均干潮面（干潮時の海水面の平均）から平均満潮面までの範囲を指します。干潮時には海水に浸っていないものの、満潮時に海水に浸ることになる位置です。
- **海中**：平均干潮面よりも下の範囲を指します。常時海水に浸っている位置です。

[海洋コンクリートと海水の位置関係]

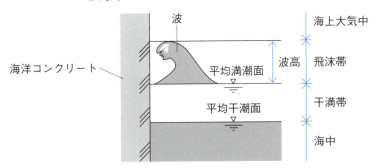

劣化現象が最も生じにくいのは実は海中です。海水中は塩害による鉄筋の腐食を進行させる溶存酸素が少ないため、常に海水に浸っている海中ではむしろ塩害の進行が遅くなるのです。また、波の衝突などによる物理作用も生じないので、コンクリート表面への損傷も小さいです。

一方、海水中の塩化物イオンと大気中の酸素の両方が供給され、波の衝突なども受ける飛沫帯や干満帯は、劣化が最も生じやすくなります。海上大気中は、海水そのものを直接受けることはないものの、塩化物イオンの飛散による影響が小さくないため、海中よりも塩害などが生じやすい環境です。

【構造物の位置による塩害などの影響】

名称	構造物の位置	塩害などの影響
飛沫帯・干満帯	平均干潮面〜平均満潮面＋波高	最も受けやすい
海上大気中	平均満潮面における波高よりも上部	受けやすい
海中	常時海水下にある部分	飛沫帯・干満帯や海上大気中ほどは受けない

▶海洋コンクリートの材料

　繰返しになりますが、海洋コンクリートでは塩害をはじめとする劣化現象への対策が最重要です。使用する材料についてもその観点から検討する必要があります。

　特にセメントについては、化学抵抗性に劣るアルミネート相（アルミン酸三カルシウム）の含有量が少ない低熱ポルトランドセメントや中庸熱ポルトランドセメント、コンクリート中での水酸化カルシウムの生成量が少ない高炉セメントやフライアッシュセメントの使用が望ましいです。水酸化カルシウムの生成量を考慮するのは、海水中の硫酸マグネシウムが水酸化カルシウムと反応する際にコンクリートの体積膨張を起こすためです。

▶海洋コンクリートの配合

　海洋コンクリートの配合では、水セメント比を小さくするのが重要です。また、単位セメント量については、飛沫帯や干満帯などの劣化が生じやすい場所では多めに設定するのが原則です。具体的には、粗骨材最大寸法が25mmの場合の飛沫帯や干満帯、海上大気中では単位セメント量330kg/m^{3}以上、海中では300kg/m^{3}以上、粗骨材最大寸法が40mmの場合の飛沫帯や干満帯、海上大気中では単位セメント量300kg/m^{3}以上、海中では280kg/m^{3}以上を標準とします。

▶海洋コンクリートの施工

　海洋コンクリートの施工では、各種劣化への対策を考慮して行う必要があります。鉄筋コンクリートの場合のかぶりは大きめとし、通常の最小かぶり厚さに15mmを加えた値以上を基準とします。

　また、**打継ぎを行う場合、打継目から塩化物イオンなどの浸入を招きやすくなるため、打継目はできるだけ設けないようにしましょう**。特に最高潮位の上60cmから最低潮位の下60cmの間には打継目を設けないことが原則です。

　なお、普通ポルトランドセメントを使用した場合、5日間は海水に洗われないよう保護する必要があります。

10 水密コンクリート

水密コンクリートは、名前のとおり水密性を高めているコンクリートです。水圧がかかる環境で用いられるため、ひび割れなどには特に注意しなければなりません。

▶水密コンクリートとは

水密コンクリートは、プールや水槽などの水圧が作用する環境に適したコンクリートです。これらの環境ではコンクリート中への圧力水の浸入や透過を防ぐことがコンクリート性能として求められるため、水密コンクリートは水密性を高めたものとなっています。

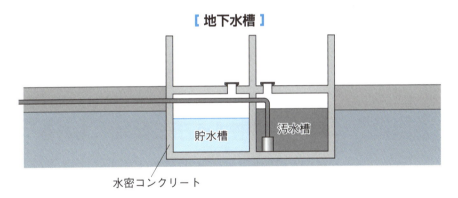

【 地下水槽 】

▶水密コンクリートの材料と配合

水密コンクリートの材料や配合では、水密性の向上を踏まえて検討しなければなりません。 骨材については、実績率のよい粗骨材の使用により単位粗骨材量を大きくすることが重要です。なお、粗骨材の最大寸法を大きくすると水密性の低下を招くため、最大寸法は通常のコンクリートよりも小さめとします。

水セメント比も小さくするのが望ましく、コンクリート標準示方書では

55％以下、JASS 5では50％以下と規定しています。また、単位水量も通常のコンクリートよりも少なくし、スランプも通常より小さくします。

▶水密コンクリートの施工

水密コンクリートでは水の浸入や透過の防止のために、通常のコンクリート以上に空隙やひび割れの防止を徹底しなければなりません。施工計画の時点でしっかりと検討するようにしましょう。

また、コールドジョイントが発生すると水密性に悪影響となるので、打重ねはできるだけ避け、連続して打ち込むのを基本とします。打継ぎを行う場合も打継目が少なくなるように計画することが重要です。打継目をつくる際、鉛直打継目には止水板を設けます。

止水板とは、コンクリートの施工や劣化などで生じたすきまを埋めるために使用するもので、水などの浸入を防ぐ役割を果たします。板状のもの以外にも帯状やシール状など、さまざまな製品があります。

養生では、初期段階での十分な湿潤養生が必要です。通常よりも2日ほど養生期間を長くとるのが一般的です。

コラム　水密性を確保する方法はほかにもある

水密コンクリートの水密性を確保するには、本節で解説したコンクリートの透水性を低減する方法以外にもさまざまな方法があります。例えば、JASS 5では次の2つを挙げています。

- 二重壁構造によって漏水する水を処理する方法
- 防水層や止水層を設ける方法

構造物の用途やコストを踏まえて、これらの方法をうまく取り入れていきましょう。

11 その他のコンクリート

本章ではさまざまなコンクリートを紹介してきましたが、コンクリートにはまだまだたくさんの種類があります。ここでは、その中でも主要とされるものを中心に紹介します。

▶ほかにも多くの種類があるコンクリート

これまで紹介したコンクリート以外にもさまざまな種類のコンクリートが使われています。

①ダムコンクリート

重力式ダム、アーチ式ダム、バットレス式ダムなどに使用されるコンクリートです。通常のコンクリートよりも、スランプや単位水量、単位セメント量が少ないという特徴があります。

【 ダムコンクリート 】

第6章 さまざまなコンクリートの特徴と用途

②**気泡コンクリート**

人為的に多量の気泡を混入または発生させて製造するコンクリートで、軽量かつ断熱性に優れているという特長があります。主に充填剤、断熱材、構造用部材として使用されます。

③**遮へいコンクリート**

ガンマ線やX線、中性子線などの放射線を遮へいする目的で使われるコンクリートです。遮へい効果のある鉄片などが材料として使われます。

④**吹付けコンクリート**

圧縮空気により打込み箇所に吹き付けることのできるコンクリートです。トンネルや地下構造物の支保部材、掘削法面の保護や補強などの型枠を使用しない広い面積に対して薄いコンクリート層を施工するときに使用します。

湿式と乾式があり、湿式吹付け方式はミキサで練り混ぜたコンクリートをポンプで圧送して、ノズル部で急結剤を加えて吹き付ける方式で、道路や鉄道などの掘削断面が大きいトンネルで採用されます。一方、乾式吹付け方式はセメントと骨材を空練りしたものに急結剤を加えて、圧縮空気により圧送し、ノズル部で圧力水を加えて吹き付ける方式で、掘削断面が小さくトンネル延長が長い場合に採用されます。

【 吹付けコンクリート 】

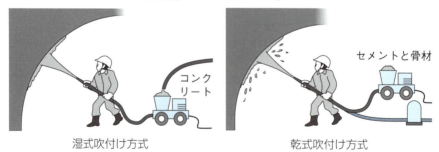

⑤ プレパックドコンクリート

　特定の粒度をもつ粗骨材を型枠に詰め、その空隙に特殊なモルタルを注入してつくるコンクリートです。充填用のコンクリートや補修・補強用のコンクリート、海中コンクリート、海洋コンクリートなどに使用されます。

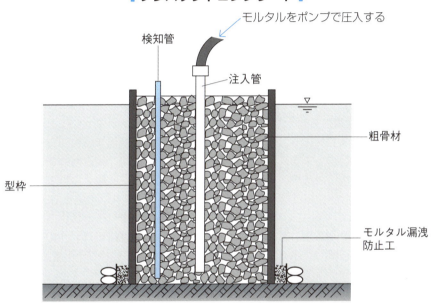

【 プレパックドコンクリート 】

⑥ AEコンクリート

　AE剤やAE減水剤を用いてエントレインドエアを増加させたコンクリートです。通常のコンクリートと比べて、ワーカビリディーや耐凍害性に優れています。

⑦ 膨張コンクリート

　膨張材を用いることで乾燥収縮への抑制効果の付与したコンクリートで、乾燥収縮ひび割れの防止が特に必要となる場合などに使われます。

コラム

■古代でも活躍した？　次世代のコンクリート

　本章ではさまざまな種類のコンクリートについて解説しましたが、ほかにも取り上げきれないくらい多くの種類のコンクリートがあります。その中でも次世代のコンクリートとして注目されているのが、ジオポリマーコンクリートです。

　ジオポリマーコンクリートは、糊の役割を果たす材料にセメントの代わりにジオポリマー（アルミナシリカ粉末とアルカリ溶液を混合してつくられる固化体）を用いたコンクリートで、P.14で取り上げた「材料による分類」でのセメントコンクリート、アスファルトコンクリートとは別の種類に該当するコンクリートといえます。ジオポリマーを生成する物質の組み合わせにはいくつかあり、フライアッシュ（石炭灰）とケイ酸アルカリの組み合わせなどが代表的です。

　ジオポリマーコンクリートは、セメントコンクリートに比べて強度や耐候性、耐摩耗性などに優れているとされ、例えば、海水の影響の大きい海洋コンクリートへの利用が期待できます。また、セメントを使わないため、セメント製造時に発生する二酸化炭素量を減らすことにもつながり、温暖化対策としても貢献できる可能性があるのです。

　なお、ジオポリマーコンクリートは現時点では本格的な普及に向けた技術開発や取り組みが進められている段階ですが、実はP.26で紹介した古代ローマ時代のコンクリートがジオポリマーコンクリートだったとする説も出ています。これが事実だとしたら、古代の技術が現代において新技術として脚光を浴びるという、何とも珍しいケースといえるでしょう。

第7章

コンクリート構造の基礎知識

本章では、鉄筋コンクリートやプレストレストコンクリート、無筋コンクリートを詳しく見ていきましょう。また、現場で施工してつくるコンクリートとは異なる、工場でつくって使用するコンクリート製品(プレキャストコンクリート)についても解説します。

1 コンクリート構造の分類

　コンクリート構造物は、鉄筋コンクリート構造、プレストレストコンクリート構造、無筋コンクリート構造という3つのタイプに分けることができます。それぞれ長所や短所があるため、その特徴に応じて活用することが重要です。

▶3種類のコンクリート構造

　構造物に採用されるコンクリート構造には、鉄筋コンクリート構造、プレストレストコンクリート構造、無筋コンクリート構造の3種類があります。それぞれ次のような用途で使い分けられます。

①**鉄筋コンクリート構造**
　圧縮力と引張力に対し、コンクリートと鉄筋が一体となって抵抗する構造で、マンションなどに採用されます。

②**プレストレストコンクリート構造**
　長い支間長の橋梁など、大きな引張力がかかる構造やひび割れを許容しない構造物に採用されます。

③**無筋コンクリート構造**
　ダムや擁壁、トンネルなどの自重によって安定して、引張力がかからない構造物に採用されます。

▶鉄筋コンクリート構造とは

コンクリートは圧縮力に強くて耐久性に優れているものの、引張力に弱い材料です。一方、鉄筋は引張力には強いですが、圧縮力に弱く、また腐食すると劣化が速いという弱点があります。

これら正反対の性質をもつコンクリートと鉄筋を一体にして、お互いの弱い性質を補い合うことで圧縮力にも引張力にも強くなった構造が鉄筋コンクリート構造です。 RC構造とも呼ばれます(RCはReinforced Concreteの略)。19世紀半ばに、フランスの植木職人ジョゼフ・モニエがコンクリートに鉄筋を配置する特許を取得したのが始まりといわれています。

鉄筋コンクリート構造では、鉄筋でしっかりと骨組みをつくることで幅広い形状に対応できます。 また、**鉄筋は容易に入手でき、建設コストも比較的低いです。**

一方、鉄筋によって弱点は補っているものの引張力に対する強度には限界があり、大きな引張力が生じる環境下では小さいひび割れが発生しやすいです。また、所要強度を発現するまでに時間がかかり、鉄筋工事も必要となるので工期はやや長くなります。さらに、構造物を撤去する際の処理費用が高いという短所もあります。

【 鉄筋コンクリート構造の性質 】

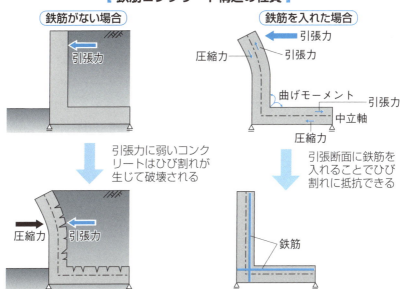

第7章　コンクリート構造の基礎知識

▶プレストレストコンクリート構造とは

　前項でも述べたとおり、コンクリートは引張力に対する抵抗力がもともと低いため、鉄筋を入れても引っ張りを原因とするひび割れが生じてしまう場合もあります。そこで、**PC鋼材を用いてコンクリート自体にあらかじめ圧縮力がかかった状態とすることで、引張力によるひび割れを生じさせないようにしたものがプレストレストコンクリート構造です**。PC構造とも呼ばれます(PCはPrestressed Concreteの略)。なお、「プレストレス」とはあらかじめストレスがかかった状態を意味します。

　ほかの構造よりもひび割れが生じにくいだけでなく、部材断面が小さくなるので大スパンに有利という長所があります。一方、プレストレス技術を習得する必要があり、誰でも容易に扱えるものではありません。また、構造物が損傷した際の補修や復旧が、ほかの構造よりも困難であることも短所といえます。

▶無筋コンクリート構造とは

　無筋コンクリート構造は、その名前のとおりコンクリート内部に鉄筋を入れないコンクリート構造です。引張力を向上させる鉄筋を含んでいないため、当然ながら引張力には弱いです。

　その一方で、**鉄筋の腐食を原因とした劣化が生じないため、コンクリート本来の耐久性を維持しやすいことが強みです**。また、**鉄筋工事が不要となるので短い工期でつくることができ、費用も安いのが大きなメリットです**。さらに、**解体なども比較的容易に行うことができます**。

　ここで、無筋コンクリートがどれだけ引張力に弱いかを簡単に計算してみましょう。右図のように支間長(L)5.0mの梁を架ける場合、梁の厚さを15cmと仮定して単純梁で計算すると、次のようになります。

【 無筋コンクリートの梁 】

- 断面係数： $Z = 1.0 \times 0.15^2 / 6$
  $= 0.004 \text{m}^3$
- 梁の自重： $w = 23\text{kN/m}^3 \times 0.15 \times 1.0$

＝3.5kN

次に、梁中央に発生するモーメントを計算します。

- $M = w \times L^2 / 8 = 3.5 \times 5.0^2 / 8 = 10.9 kNm$

さらに、発生する引張応力度は次のとおりです。

- $\sigma = M / Z = 10.9 / 0.004 = 2,725 kN/m^2$

最後に、許容される引張応力度をチェックします。一般的に引張応力は2,300kN/m²以内とする必要があるので厚さが15cmだと、梁は自重だけで折れてしまいます。このような場合、部材厚をもっと厚くできればよいのですが、実際には自重以外の荷重にも耐えられることが求められるため、どんどん部材が厚くなり、非常に不経済なうえ、施工も困難になります。

　以上からもわかるとおり、無筋コンクリート構造は、どれだけ部材が厚くなっても問題のない構造物に適しています。さらに、安定させるためにどっしりと大きな自重が必要で、かつ引張力の影響を受けない環境ということで、ダムや擁壁などの長期にわたって使用される構造物に採用されています。

【 3種類のコンクリート構造 】

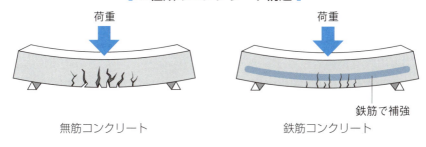

無筋コンクリート　　　　　鉄筋コンクリート

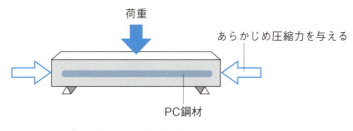

プレストレストコンクリート

2 鉄筋コンクリートで用いられる構造形式

　鉄筋コンクリート構造物は合理的でコンパクトにつくることができるので、さまざまな用途に応じて外力に抵抗する特徴的な構造形式をもっています。各構造形式を見ていきましょう。

▶鉄筋コンクリートの主な構造形式

　構造物における柱や梁、壁などの組み合わせの仕様を構造形式といいます。鉄筋コンクリート構造での主な構造形式として壁式構造、ラーメン構造、トラス構造、アーチ構造などがあり、用途によって使い分けられています。

①壁式構造

　建築などでよく用いられているのが壁式構造です。柱には梁がなく、壁の面全体で外力を受ける構造になっていて、重量が比較的重くなるため低層の構造物に用いられます。また、開口部が少ないため耐震性に優れています。

【壁式構造】

②ラーメン構造

　ラーメンとはドイツ語で「枠」の意味があり、最も一般的な構造形式です。柱と梁が一体となった剛接合が特徴で、外力により発生した部材を曲げる力を接合部に伝達して、全体で強度を保ちます。

　なお、ラーメン構造は、柱と梁で構成される純ラーメン構造と耐震壁を組み込んでいる耐震壁付きラーメン構造に分類することができます。

【ラーメン構造】

純ラーメン構造

耐震壁付きラーメン構造

③トラス構造

トラスとは3つの部材を三角形に組み、それぞれの部材が交わる点が回転するようにピン接合された構造形式です。外力がかかった際に、部材を曲げる力が発生しないので、長い橋やタワーなど、規模の大きな構造物に用いられます。

【 トラス構造 】

④アーチ構造

上からかかる外力を曲線状のアーチ部へ圧縮力として作用させる構造です。この構造もトラス構造と同様に部材を曲げる力がほとんど発生しないので、大空間を確保したい橋などに用いられます。

【 アーチ構造 】

▶構造形式の用途例

前項で挙げたさまざまな構造形式は、どのように使われているのでしょうか。代表的なものを紹介します。

①空間を確保するカルバートとしての利用

道路の下に水路や通路用の空間をつくるために、盛土あるいは地盤内に設けられる構造物をカルバートといいます。鉄筋コンクリートのラーメン構造が使われ、剛性カルバートと呼ばれます。また塩ビ管などでつくられるたわみ性カルバートもあります。

【 剛性カルバート 】

第7章 コンクリート構造の基礎知識 **167**

②**斜面の崩壊を防ぐ擁壁としての利用**

擁壁とは斜面の崩壊を防ぐために設ける壁のことです。高さや立地条件、作用する荷重（自動車、宅地）条件などによってさまざまな種類の擁壁が使われていて、つくり方も異なります。

主な擁壁としては、ブロック積み擁壁や重力式擁壁、片持ち梁式擁壁、U型擁壁などがあり、それぞれさらに細かく分類されています。特に片持ち梁式擁壁の中の逆T型擁壁やL型擁壁は安定性が高い構造で、高さを必要とする擁壁などに適していて、壁式構造が使われます。

【 コンクリート擁壁の種類 】

【 片持ち梁式擁壁 】

3 鉄筋コンクリートの予備知識

ここまで鉄筋コンクリートについて詳しく解説してきましたが、本節ではより理解を深めるための予備知識を中心に取り上げます。現場で必要となる知識として押さえておきましょう。

▶構造力学の基礎知識

鉄筋コンクリート構造物を利用するうえで、構造力学の基礎知識を理解しておくことが重要です。構造力学といっても、難しく考える必要はなく、簡単に説明すると「外力を受けた構造物が内部でどのように変形するか」を数値で示したものです。

ここでは、基本的な力とそれによって内部に発生する力の度合い(応力)について解説します。

①圧縮力

部材を両端から押す力が圧縮力です。この圧縮力によって部材内部に発生する力の度合いが圧縮応力度で、部材に働く圧縮力(P)をその断面積(A)で割って算出されます。

圧縮応力度 $\sigma_p = P / A$

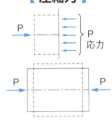

【圧縮力】

②引張力

圧縮力とは反対に、部材を引っ張る力が引張力です。この引張力で部材内部に発生する力の度合いが引張応力度で、部材に働く引張力(T)をその断面積(A)で割って算出されます。

引張応力度 $\sigma_t = T / A$

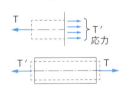

【引張力】

③せん断力

　部材に対して直角方向に切断しようとする力がせん断力です。このせん断力で部材内部に発生する力の度合いがせん断応力度で、部材に働くせん断力（S）をその断面積（A）で割って算出されます。

　せん断応力度 $\sigma_s = S / A$

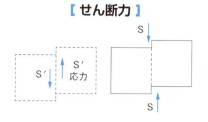

【 せん断力 】

④曲げモーメント

　下図のように両端に支点がある梁に外力（P）が働くと、部材の中央部に曲げ力が発生します。上部には圧縮応力、下部には引張応力が生じ、このときに働く曲げ変形の作用を曲げモーメント（M）といいます。なお、曲げの力が発生した際には、部材の中で圧縮力と引張力のどちらも起こっていない箇所が軸状に生じます。この軸を中立軸といいます。

【 曲げモーメント 】

　外力を受けたとき、部材に働く各種の応力を理解するには、梁が最もわかりやすい例となります。梁のタイプと外力、応力の発生を理解しておけば、複雑な計算に応用がきき、構造物の弱点（応力が発生する位置、ひび割れが発生しやすい部位、鉄筋が密に入っていなければならない場所など）が予測できます。

　なお、梁の種類としては単純梁、両端固定梁、片持ち梁に分かれます。
- **単純梁**：一端が移動支点、もう片端が回転支点で構成される構造物。
- **両端固定梁**：両端が固定支点で構成される構造物。
- **片持ち梁**：一端が固定支点、もう片端は動くことのできる構造物。

【梁の種類と応力図】

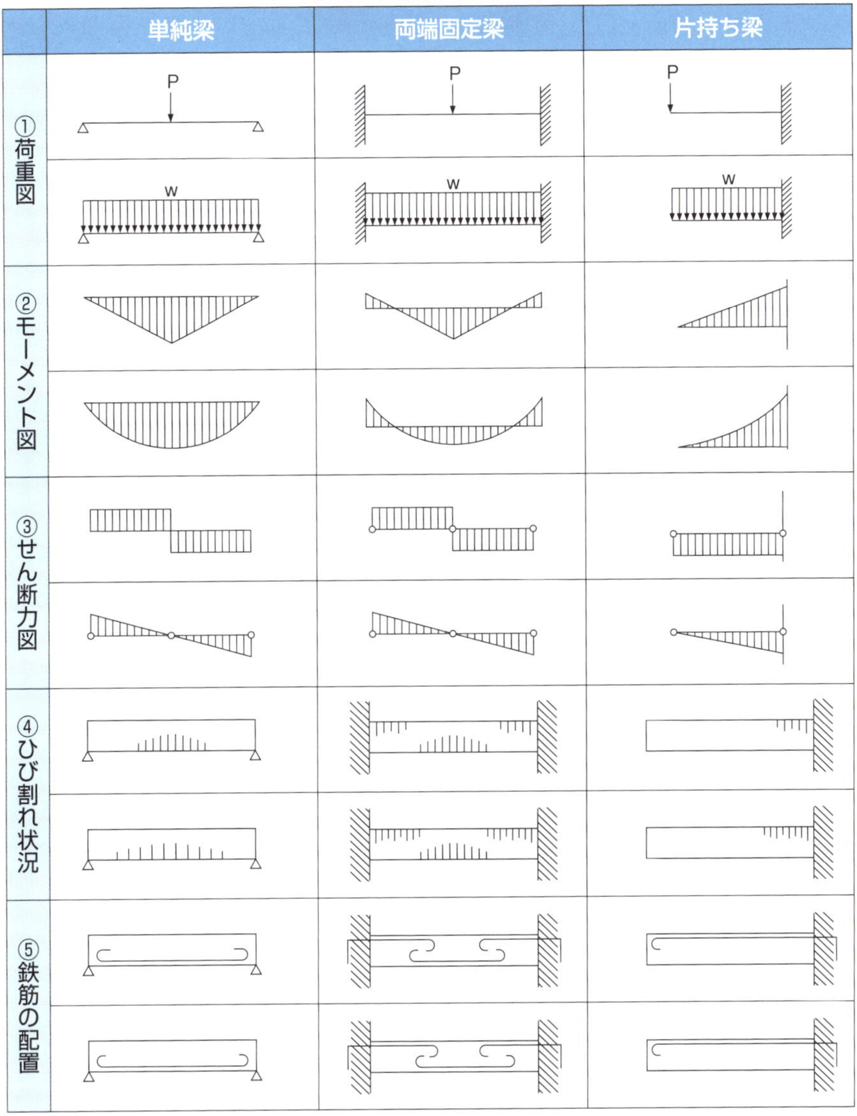

	単純梁	両端固定梁	片持ち梁
①荷重図			
②モーメント図			
③せん断力図			
④ひび割れ状況			
⑤鉄筋の配置			

3 鉄筋コンクリートの予備知識

　応力図では、梁に荷重（①）が生じた際、曲げモーメント（②）やせん断力（③）がどのようにかかるのかが把握できるようになっています。その結果、ひび割れ（④）が起こるわけですが、それを防ぐための配筋（⑤）もわかります。

　応力図が頭に入っていると、実際の現場などで梁を見わたすだけで「せ

第7章　コンクリート構造の基礎知識　**171**

ん断力の大きい箇所」や「せん断力がほとんど発生しない箇所」、「曲げモーメント大きい箇所」などを把握することができるので、構造上の弱点を確認するのに有効です。

▶鉄筋の種類

P.111にて、主な鉄筋の種類として主筋と配力筋について解説しましたが、ここではそれぞれの役割を紹介します。

①**主筋**：引張応力に抵抗する鉄筋として、曲げひび割れ（次頁参照）が発生するおそれのある場所に配筋します。

②**配力筋**：気温の変化によるひび割れの発生、地震および外部からの衝撃などの予想外の応力の発生などに対応するため、圧縮側に配置する鉄筋です。

③**帯筋（フープ筋）**：柱のせん断補強の役割があります。

④**あばら筋（スターラップ）**：梁のせん断補強の役割があります。

【 梁と柱で使用される鉄筋 】

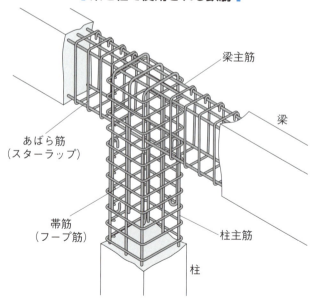

▶鉄筋が有効となるコンクリートのひび割れ

　コンクリートのひび割れについてはP.187で詳しく解説しますが、先行してコンクリートに鉄筋を入れることで抵抗することのできるひび割れを紹介します。次の3種類を押さえておきましょう。

①**曲げひび割れ**：せん断応力がほとんど生じない位置で起こるひび割れで、下端から上端に伸びる特徴があります。

②**曲げせん断ひび割れ**：せん断応力より曲げ応力が大きい位置で起こるひび割れで、下端から上方および荷重点へと向かう特徴があります。

③**せん断ひび割れ**：せん断応力が大きい位置で起こるひび割れで、中立軸から荷重点に45°前後の方向へ向かって伸びる特徴があります。

【 3種類のひび割れ 】

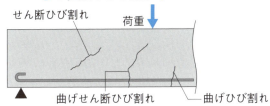

　これらのひび割れについて、鉄筋がある場合とない場合で、下図のような違いがあります。

【 鉄筋の有無によるひび割れの影響 】

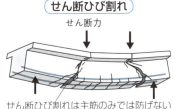

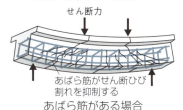

第7章　コンクリート構造の基礎知識

4 プレストレストコンクリートの施工

　あらかじめ圧縮力（プレストレス）をコンクリートへ与えることで引張力への抵抗力をもたせているプレストレストコンクリート。本節ではプレストレスの与え方を中心に、プレストレストコンクリートの施工の流れを解説します。

▶プレストレスを与える2つの方法

　P.164でも解説したとおり、プレストレストコンクリートは、コンクリートの引張りに対しての弱点を補うため、外力によって引張応力の生じる部分にあらかじめ計画的に圧縮力（プレストレス）を与え、外力が作用したときに生じる引張応力を打ち消すようにしたものです。
　プレストレスを与える緊張材には鉄筋の2～4倍の引張強度を持つPC鋼材を用い、コンクリートには高強度で早強性のあるセメントを使用します。
　プレストレスを与える方法としては、**プレテンション方式**と**ポストテンション方式**の2とおりの方法があります。「プレ＝先に」「ポスト＝後で」を意味していて、プレストレスを与えるタイミングに基づく呼び方です。

▶プレテンション方式

　プレテンション方式は次の手順で行われます。なお、発生した緊張力は、PC鋼材とコンクリートの付着力によって保持されます。
①反力台と可動定着板を設置し、ジャッキによりPC鋼材を引っ張って緊張させます。

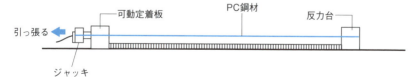

②PC鋼材を緊張させたままコンクリートを打設します。

③コンクリートが硬化した後に、PC鋼材を切断してPC鋼材の緊張を解放します。PC鋼材を解放することにより、コンクリート内に圧縮力が作用します。

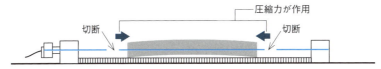

▶ポストテンション方式

ポストテンション方式は次の手順で行われます。プレテンション方式とは異なり、発生した緊張力は定着具によって保持されます。
①型枠にシース管を配置しておき、コンクリートを打設後、養生して硬化させます。

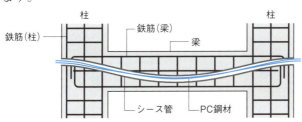

②コンクリート硬化後、定着具とジャッキを装着し、PC鋼材を引っ張って緊張させることで梁の中に圧縮力が作用します。

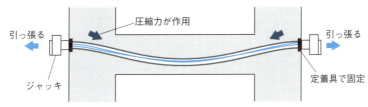

③緊張させた後に、シース管内にグラウト（セメントペーストやモルタルをベースとした注入剤）を注入し充填させます。

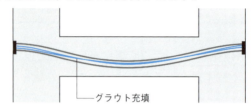
グラウト充填

【 シース管の断面図 】

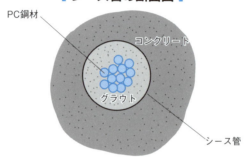

ポストテンション方式で用いる定着具は、PC鋼材がPC鋼棒の場合に使われる**ねじ式**と、PCより線の場合に使われる**くさび式**の2種類があります。

【 定着具の種類 】

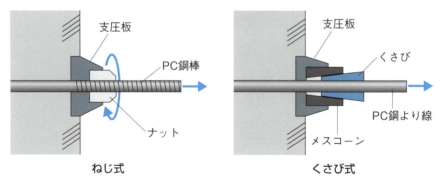

ねじ式　　　　　　　　　　　くさび式

5 コンクリート製品（プレキャストコンクリート）

本書ではこれまで現場で施工してつくるコンクリートを中心に解説してきましたが、工場で構造物の状態で製造して、現場に運んで使う方法もあります。そのように運用されるものをコンクリート製品（プレキャストコンクリート）といいます。

▶コンクリート製品とは

コンクリート製品とは、工場の製造設備でつくられたコンクリート二次製品のことで、**プレキャストコンクリート**とも呼びます。擁壁、ボックスカルバート、オープン水路、橋梁用PC桁、杭などさまざまな構造物があり、プレストレストコンクリート、高強度コンクリートなどにも対応しています。

【 コンクリート製品の例 】

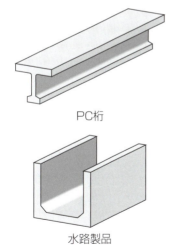
PC桁

ボックスカルバート

水路製品

コンクリート杭

第7章　コンクリート構造の基礎知識　177

▶コンクリート製品を利用する理由

　材料費や制造費の面から考えると、実はコンクリート製品は高価です。しかし、多くの工事現場でコンクリート製品が積極的に使用されています。その理由としては、施工にかかる費用まで含めて考えると、コンクリート製品のほうが低コストで済むためです。

　例えば、同じ構造物を作成する場合において、現場打ちコンクリート（第5章で解説した現場で施工してつくるコンクリート）とコンクリート製品でかかるコストを比べてみると、一般的には次のようになります。

- **現場の施工費**：現場打ちコンクリート＞コンクリート製品
- **材料費＋製造費**：現場打ちコンクリート＜コンクリート製品

　構造物単体では、現場打ちコンクリートのほうが安価です。ただし、現場打ちコンクリートの施工は、天候に左右されるうえ、工事工程に日数を要し、多くの人の手が加わるので現場での施工費がかさみます。つまり、**トータルコストでみると、コンクリート製品のほうが安価となる場合が多いのです**。これは、施工量（使用する製品量）が多いほど顕著になります。

　なお、コンクリート製品が使用しにくい現場としては、特殊な形をしていてあらためて工場で製作するととても高価になる、大型の構造物である、製品の据え付けにクレーンを使用するスペースがないなどのケースが挙げられます。

▶コンクリート製品の特長

　コンクリート製品の主な特長は以下のとおりです。
- 品質を一定に保つことができると共に、使用前に検査できる。
- 材料、配合、製造設備、施工などの管理が良好に行える。
- 熟練した作業員により常時製造できる。
- 製造、運搬、組み立てなどの作業が機械化でき、省力化が可能である。
- 作業の容易な場所でコンクリートの打込みができ、天候に左右されない。
- かぶり厚さが小さく、断面を薄くできる。

　上記の特長は、近年の建設就業者数の高齢化や減少、建設資材の高騰など、材料費より労働量を抑えることが重要視されている現場において、常

に求められている条件とも合致しています。

▶その他のコンクリート製品

ボックスカルバートや擁壁以外にも、以下のような製品があります。いずれも、工期短縮、品質の確保、小規模化などの特徴があります。

①防火水槽

地中に埋設して、消防用用水を貯水しておく施設です。消防法では40m³貯水する必要があり、現場打ちに比べて早期に工事が完了できます。最近では耐震性を有しているものもあります。

②アーチカルバート

コンクリート製品でつくられていて、この上に盛土をして橋梁、道路としての空間を確保します。写真は2分割したもので、特殊な技術や熟練工が不要な工法です。

提供：丸栄コンクリート工業

▶コンクリート製品の材料と配合

コンクリート製品の製造も、基本的には現場打ちコンクリートと変わりません。環境の整っている工場での製造により高い品質が確保できますが、それに見合った材料や配合が必要です。

セメントは普通ポルトランドセメントを使用しますが、プレストレストコンクリート製品には早強ポルトランドセメントが使われます。粗骨材の最大寸法は40mm以下とし、工場製品の2／5以下で、かつ鉄筋の最小あきの4／5以下とします。

配合は、水セメント比50％以下、スランプ2〜10cm程度で、単位セメ

ント量を多めとするのが一般的です。

補強鋼材としては、鉄筋コンクリート用棒鋼、溶接金網、PC鋼棒を主に使用します。一方、型枠には繰り返し使用しても寸法精度を保てるように、鋼製型枠が使われます。

▶コンクリート製品の成形

コンクリート製品を成形する際のコンクリートの打込みの方法については現場打ちとほとんど違いがありません。一方、締固めでは振動締固め、遠心力締固め、加圧締固め、真空締固めなどの方法が使われます。

- **振動締固め**：内部型あるいは外部型の振動機を使用する方法。
- **遠心力締固め**：型枠の高速回転により加圧させ、コンクリートを高密度化して水分を絞り出し、水セメント比を低下させる方法。
- **加圧締固め**：振動台で成形し、直接加圧により水分を絞り出す方法。
- **真空締固め**：真空ポンプにより減圧を行い、大気圧との差により余剰水を抜く方法。

▶コンクリート製品の養生

コンクリート製品の養生では、コンクリートの硬化や強度発現を促進させる促進養生を行った後に湿潤養生を行うのが一般的です。

促進養生は２段階に分けて実施されます。最初に行うのが常圧蒸気養生で、この養生の終了後に型枠を外し、二次養生としてオートクレーブ養生を行います。

- **常圧蒸気養生**：成形したコンクリートを加湿加温して強度発現を促進するもので、練混ぜ後２～３時間とし、温度上昇速度は１時間につき20℃以下とし、最高温度は65℃とします。
- **オートクレーブ養生**：10気圧180℃の高温高圧蒸気釜の中で養生するもので、シリカ質微粉末を使用して高強度コンクリートができます。

▶コンクリート製品を用いた現場施工

コンクリート製品は、工場で製造された製品を現場まで運搬し、クレー

ンで吊って据え付けます。

　右の写真のボックスカルバートは高さ2m×幅3mです。この大きさになると重量も約11tとなり、大型のクレーンが必要となります。施工が早く、工事も簡単に行えることがコンクリート製品を用いる利点ですが、このようにクレーンが作業できるスペースを確保しなければならないことに注意が必要です。

　なお、住宅地や山間部での工事では、トレーラや大型のクレーンが容易に入ることができない現場もたくさんあります。そのような場合は、簡単な自走式の装置を用い、製品の搬送および据え付けを行います。電動なので騒音や振動が小さく、周辺地域への影響が少なくて済みます。

【 クレーンによる据え付け 】

提供：丸栄コンクリート工業

【 自走式装置による据え付け 】

提供：丸栄コンクリート工業

　このようにして施工されるボックスカルバートは、主に水路改修などで活用されています。

【 ボックスカルバートを用いた水路改修 】

住宅地での水路改修

山間部での水路改修（リフトローラ工法）
提供：丸栄コンクリート工業

第7章　コンクリート構造の基礎知識　181

コラム

■コンクリート構造物の設計・施工の合理化

　建設業界では、就業者の高齢化や人員減少、建設資材の高騰や周辺環境への対策などを踏まえた品質の確保が大きな課題となっています。特に近年は、人件費が材料費よりも相対的に高くなる状況が増えてきました。

　今まで推奨されてきた経済的な構造物設計・施工は、できるだけコンクリート部材厚さを薄く、鉄筋を少なくし、現場の使用目的にあった合理的な構造物を手間暇かけて構築するというものでした。これはコンクリートや鉄筋などの使用材料の最小化を重視する思想です。それが、現在では施工能率の向上によって労働量を減らす思想のほうを重視することでトータルコストを少なくする動きが活発となっています。

　その具体例の1つとして、次のようなボックスカルバートにおける国土交通省のコスト縮減施策があります。

- 形状の単純化：底版部ハンチの除去
- 主要部材の標準化：最小部材厚40cm、増加寸法10cmピッチ
- 定尺鉄筋の使用：50cmピッチの鉄筋を使用
- 配筋の位置：縦断方向の鉄筋を外側に配置
- コンクリート強度：従来の21N/mm^{2}ではなく、24N/mm^{2}を基準とする

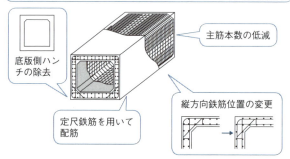

国土交通省によるボックスカルバートのコスト縮減施策

　材料が多少増える代わりに現場作業を省力化させて、そのうえで構造物耐久性の向上も目指しているのです。

第 8 章

コンクリートの
劣化と対策

コンクリート構造物を長く使い続けるためには、中性化やアルカリシリカ反応、塩害、凍害といったさまざまな劣化現象への適切な対処が不可欠です。本章では代表的な劣化現象とその対策、劣化状況を調べるための検査方法などを解説します。

1 コンクリートの寿命と劣化

人間に寿命があるように、コンクリート構造物にも寿命があります。コンクリート構造物については施工状況や使用目的、使用環境、メンテナンス状況などにより寿命が大きく変化します。

▶コンクリートの寿命

一般的にコンクリート構造物のような建築物の寿命については、耐用年数という表現が一般的です。耐用年数には、次のような種類があります。

①**法定耐用年数**：固定資産の減価償却費を算出するため税法で定められた年数。

②**物理的耐用年数**：建物躯体(床や壁など、建物の構造を支える骨組)や構成材　が物理的あるいは化学的原因により劣化し、要求される限界性能を下回る年数。

③**経済的耐用年数**：継続使用するための補修・修繕費、その他費用が、改築費用を上回る年数。

④**機能的耐用年数**：使用目的や使用環境によるものや、建築技術の革新、社会的要求が向上して劣化する年数。

これらの耐用年数の関係を比較すると、②＞③＞①＞④となるのが一般的です。

また、さまざまな基準を総合的に評価して1つの構造物として設定する耐用年数のことを**目標耐用年数**といいます。構造物の寿命は、構造や立地条件、使用状況の違いなどによって左右しますが、規模などに余裕を持った構造物や耐震設計に基づいた構造物は、計画的な保全活動を実施すれば100年以上も長持ちさせることができます。

コンクリート構造物の理想的な目標耐用年数としては、次のとおりとしています。

• 建築構造物(高品質の場合)：**100年(80〜120年)**
• 建築構造物(通常の品質の場合)：**60年(50〜80年)**

- 土木構造物：**50年（30〜70年）**

▶コンクリートの劣化の種類

　コンクリートの劣化とは、人間でいうところの病気といえるでしょう。病気が進行すると体が衰えてしまうように、**劣化が進行するとコンクリート構造物の耐久性**などが低下してきます。また、**鉄筋コンクリート構造物の場合、コンクリート自体の劣化だけでなく鉄筋の劣化もあります。**

　劣化現象には原因に応じてさまざまな種類があり、原因別にまとめると下表のようになります。

【主な劣化現象と原因】

内容	現象	原因
コンクリートの劣化	強度劣化	配合や施工上の問題による強度不足
	ひび割れ	乾燥収縮、温度変化の繰返し、アルカリシリカ反応、凍結融解作用の繰返し、施工不良、水和熱、鉄筋腐食、火災によるひび割れ、構造的なひび割れ（曲げ・せん断）、過荷重（大たわみ）、地震・基礎（不同沈下）
	表面劣化	錆汁、エフロレッセンス、汚れなど
鉄筋の劣化	鉄筋腐食	ひび割れ、中性化、塩害など

【 劣化によってひび割れが生じた外壁 】

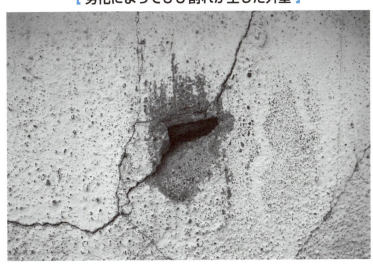

▶コンクリートの診断

人間の場合、常に健康に留意した生活や定期的な検診などを心がけていれば、病気を予防・治療できる場合が多いでしょう。コンクリート構造物も同様で、劣化に対して適切な診断・処置を行うことで長持ちさせることができます。

コンクリート構造物における健康対策としては、**土木・建築技術者が診断医となって、構造物の健康状態（劣化や機能低下の有無）を総合的に把握するのが一般的**で、目視調査などによる非破壊検査が主流です。これについてはP.204で解説します。

このようにコンクリート構造物の状態を正確に診断し、適切な処置を施すための国家資格がコンクリート診断士です。コンクリート構造物の老朽化が社会問題となり、維持管理が重要視されている現在、コンクリート診断士に対する社会的なニーズが高まっています。

また、コンクリートの劣化や機能の低下は、単に経年変化のために発生するとは限らず、建設時点では予測しえなかった条件変化や施設を取り巻く環境の変化など、多様な原因が存在します。

劣化の原因には、大別すると次のように**外部要因**と**内部要因**が挙げられますが、実際には複数の要因が関わっていることが多いです。

【劣化についての外的要因・内的要因】

外的要因	内的要因
地震、渇水などの自然災害影響／技術の陳腐化／施設利用者ニーズの多様化、高度化／施設周辺立地環境の変化／法律や指針の改正など	保全管理の不徹底／不適正な使用方法／リスク対策の不備／寿命／性能低下／構造欠陥／当初計画の錯誤、施工不良など

なお、外的要因に挙げている「法律や指針の改正」とは、かつては劣化に該当しなかったものが法律や指針の改正により基準が変わったことで劣化とみなすようになる場合を指します。

2 ひび割れ

　ひび割れとは、コンクリートの表面や内部に亀裂が生じる現象です。コンクリートの生じる劣化としては最も代表的な現象であり、さまざまな原因でひび割れが起こります。

▶ひび割れはなぜ起こる

　ひび割れはコンクリートに生じる亀裂のことです。大きな地震に遭った建物などにひび割れができているのを見たことがある人も多いでしょう。**ひび割れはコンクリートの表面だけでなく内部に生じる場合もあります。**本来一体となっているべき箇所が割れているわけですから、当然ながら耐久性などにも大きな悪影響をおよぼします。

　ひび割れが起きる原因はとても多いです。一般的には下表のように分類されますが、実際のコンクリート構造物におけるひび割れの原因は複雑であり、複数の原因が複合している場合が多いです。

【ひび割れの発生原因】

大分類	中分類	小分類	原因
材料	使用材料	セメント	異常凝結、水和熱、異常膨張
		骨材	骨材中の泥分、低品質骨材、アルカリシリカ反応性骨材
	コンクリート		塩化物、沈下・ブリーディング、乾燥収縮、自己収縮
施工	コンクリート	練混ぜ	混和材料の不均一、長時間の練混ぜ
		運搬	ポンプ圧送時の配合変化
		打込み	不適当な打込み順序、急速な打込み
		締固め	不適当な締固め
		養生	硬化前の振動や載荷、初期養生中の急激な乾燥、初期凍害
		打継ぎ	不適当な打継ぎ処理
	鉄筋	鉄筋配置	鉄筋の乱れ、かぶり（厚さ）の不足

第8章　コンクリートの劣化と対策　　**187**

	型枠	型枠	型枠のはらみ（膨らみ、湾曲）、型枠からの漏水、型枠の早期除去
		支保工	支保工の沈下
	その他	コールドジョイント	不適当な打重ね
		PCグラウト	グラウト充填不足
使用環境	熱、水分作用	温度や湿度	環境温度・湿度の変化、部材両面の温度・湿度の差、凍結融解の繰返し、火災、表面加熱
	化学作用		酸・塩類の化学作用、中性化による内部の鉄筋の錆、塩化物の浸透による内部の鉄筋の錆
構造外力	荷重	長期荷重	設計荷重以内の長期荷重、設計荷重超の長期荷重
		短期荷重	設計荷重以内の短期荷重、設計荷重超の短期荷重
	構造設計		断面・鉄筋量不足
	支持条件		構造物の不同沈下、凍上

【 材料が原因の主なひび割れ 】

異常膨張が原因
（網目状のひび割れ）

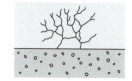

骨材の泥分が原因
（不規則な網目状のひび割れ）

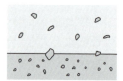

低品質骨材が原因
（剥離を伴うひび割れ）

【 施工が原因の主なひび割れ 】

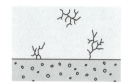

混和材料の不均一が原因
（部分的に細かいひび割れ）

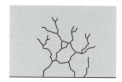

長時間の練混ぜが原因
（全面に網目状のひび割れ）

急速な打込みが原因
（部材や配筋の変化部に
生じるひび割れ）

【 使用環境が原因の主なひび割れ 】

環境温度の変化が原因
（鉛直方向や開口部に
生じるひび割れ）

凍結融解の繰返しが原因
（剥離を伴う不規則な
ひび割れ）

火災が原因
（等間隔に生じるひび割れ）

▶ひび割れの種類

ひび割れの種類としては、主に下記の3項目に分類されます。

①**鉄筋腐食先行型**：鉄筋コンクリート構造物などで鉄筋腐食が進行した結果生じたひび割れで、中性化や塩害などによって鉄筋に腐食が生じます。その腐食の進行に伴い、かぶりコンクリートがひび割れ、その後短期間のうちに、かぶりコンクリートが剥落に至るものです。

②**ひび割れ先行型**：①と同様に鉄筋腐食を促進させる原因となるひび割れです。何らかの原因で生じたひび割れが鉄筋位置に達し、そのひび割れから劣化因子が侵入することで鉄筋の腐食が進行します。

③**劣化ひび割れ**：コンクリート自体の劣化を表す進行性のひび割れです。コンクリート自体の組織が緩み強度低下が生じるもので、放置すると部材の崩壊へとつながる恐れがあるため、劣化自体が生じないように対策を施す必要があります。

また、劣化ひび割れについては、原因によってさらに次の3タイプに分けられます。

- **アルカリシリカ反応によるひび割れ**：鉄筋による拘束が小さい場合は網状のひび割れ、大きい場合は柱や梁の軸方向のひび割れが発生します。
- **凍害によるひび割れ**：温度変化や融雪水の影響を受ける部分に発生しやすく、放置しておくと確実に進行するため、補修や交換処置が必要となります。
- **疲労によるひび割れ**：繰返し荷重の影響によりひび割れから剥落へとつながり、一方向のひび割れ→格子状のひび割れ→ひび割れの網細化、貫通→コンクリートの剥落→床板の陥没へと進行していきます。

【 鉄筋腐食先行型のひび割れイメージ 】

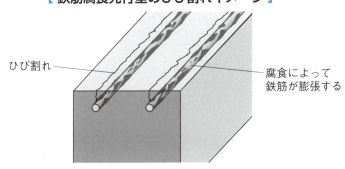

3 中性化

中性化は鉄筋コンクリート内の鉄筋を腐食させる劣化現象です。中性化がどれだけ進行しているか把握することが重要となります。

▶中性化とは

つくられたばかりのコンクリートはアルカリ性です。しかし、空気中の二酸化炭素などの影響で、コンクリート内のアルカリ性の水酸化カルシウムが酸性の炭酸カルシウムへと変化し、コンクリート自体がアルカリ性から中性へと変化します。これが**中性化**という現象です。

中性化が進みアルカリ性が弱くなると、鉄筋コンクリート内の鉄筋の表面を覆っている不動態皮膜と呼ばれる膜が壊れてしまいます。**不動態皮膜には鉄筋の腐食を防ぐ効果があるため、この膜を失うことで鉄筋の腐食が始まってしまうのです。**

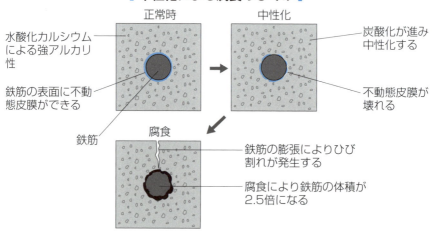

【 中性化による腐食のしくみ 】

中性化はコンクリート自体の強度を低下させる現象ではなく、あくまで鉄筋腐食を引き起こす現象です。よって、鉄筋を使用しない無筋コンクリート構造の場合は、中性化はそれほど問題にはなりません。

▶中性化深さと進行予測

コンクリート表面から内部にかけて中性化が進行している厚さのことを**中性化深さ**といいます。

コンクリートの中性化深さは経過年数の平方根に比例することが知られていて、中性化の進行予測は下記の予測式で表すことができます。

予測式：$y = b\sqrt{t}$

y：表面からの中性化深さ（mm）
t：時間（年数）
b：中性化速度係数（mm／$\sqrt{年}$）

スキルUP!

建設後25年が経過したコンクリートにおいて、中性化深さを測定したら20mmだった場合、今から24年後の将来には中性化がどのくらいになるかを算出してみましょう。
予測式に当てはめると$20=b\sqrt{25}$です。したがって、b=4となります。
よって、建設後49年後（25+24）の中性化深さの場合、$y=4\sqrt{49}$となり、y=4×7=28mmであることがわかります。

▶中性化の調査

中性化の調査は、中性化深さ試験により対象のコンクリートがどれくらい中性化を起こしているかを把握することが基本となります。**中性化深さ試験では、フェノールフタレインを使った方法が一般的です。**

フェノールフタレインはアルカリ性に反応すると赤紫色に変色する性質があります。そのため、中性化していないアルカリ性のコンクリートにフェノールフタレイン（フェノールフタレイン濃度を1％に薄めたエタノール溶液が一般的）を噴霧すると、赤紫色に変色します。一方、中性化したコンクリートは変色しません。

中性化深さ試験では、コンクリートの供試体を採取して、フェノールフ

タレインを噴霧して変色箇所を確認します。**中性化が生じている場合、中性化している表面から内部にかけては変色が見られませんが、中性化していない箇所から赤紫色に変色します。よって、変色しなかった部分の厚さが中性化深さだとわかるのです。**

▶中性化の抑制

鉄筋コンクリートを長い間使い続けていく中で、中性化の発生を完全に防ぐのは困難といえます。そのため、**中性化の発生や中性化がコンクリート内部の鉄筋に到達するまでの時間を遅らせることで、構造物の延命をはかるのが一般的です。**

まず、鉄筋のかぶりをできるだけ大きくとるように設計し、中性化が鉄筋に到達するまでの距離を長くするのが望ましいです。また、水セメント比が小さく密度の高いコンクリートにすることで、中性化の原因となる二酸化炭素がコンクリート内に浸入しづらくなります。

ひび割れなどが生じるとそこが二酸化炭素の浸入経路となってしまうため、養生期間を長めにとってコンクリート表面の乾燥収縮ひび割れを発生させないなど、ひび割れが生じる原因を取り除くことも重要です。また、コンクリート表面の塗装も、二酸化炭素の浸入を防ぐ効果があります。

▶中性化の劣化対策

中性化による劣化がある程度進行してしまった場合には、次のような方法で補修を行います。

- **表面被覆工法**：二酸化炭素の継続的な浸入を防ぐために、樹脂系やポリマーセメント系の材料でコンクリート表面の被覆を行う方法です。
- **断面修復工法**：鉄筋腐食が進んだ際に中性化したコンクリートを除去・修復する方法です。腐食した鉄筋の防錆処理も一緒に行います。
- **再アルカリ化工法**：中性化したコンクリートのアルカリ度を回復させるため、コンクリートの表面にアルカリ性溶液と外部電極を設置し、コンクリート中の鉄筋との間に約 $1\,A/m^2$ の電流を 1 週間ほど流すことで、中性化したコンクリートを再びアルカリ性に戻す方法です。

4 アルカリシリカ反応

アルカリシリカ反応は、骨材中のアルカリ反応性鉱物が、セメントや混和剤に含まれるアルカリ分と水に反応して膨張し、ひび割れを発生させる現象です。

▶アルカリシリカ反応とは

コンクリートで使われる材料のうち、セメントや混和剤にはアルカリ分が含まれています。一方、骨材にはアルカリ反応性鉱物という物質が含まれています。これらが水と反応することによって骨材中のアルカリ反応性鉱物が膨張してしまい、ひび割れを引き起こします。これがアルカリシリカ反応です。

スキルUP!

昔はアルカリシリカ反応のことをアルカリ骨材反応と呼ぶほうが一般的でした。両者の定義は微妙に異なりますが、現在はどちらも同じ現象と考えられていて、アルカリシリカ反応という呼び方のほうが定着しつつあります。

アルカリシリカ反応が起こると、反応性骨材（アルカリ反応性鉱物を含む骨材）の周囲に白色のゲルが生成され、骨材の膨張に伴うひび割れを通じてコンクリート表面にゲルがにじみ出てきます。また、コンクリートにひずみが生じやすくなります。

なお、鉄筋を用いていない無筋コンクリートの場合、アルカリシリカ反応によるひび割れは網目状や亀甲状となります。一方、軸方向の鉄筋量が多いコンクリート部材では、部材軸方向にひび割れが発生します。

▶アルカリシリカ反応の発生条件

アルカリシリカ反応は、反応性骨材、限界値以上のアルカリ分、十分な水分の3条件がそろった場合に進行します。

第8章 コンクリートの劣化と対策 **193**

また、アルカリシリカ反応による骨材の膨張は、高温であるほど膨張速度が大きく、低温であるほど最終的な膨張量が大きくなります。なお、反応性骨材の量が多いほどアルカリシリカ反応による膨張も増大しますが、反応成分の割合が一定値を超えると逆に膨張量が減少する傾向を示すことが知られています。このときの割合を**ペシマム量**といいます。

【 アルカリシリカ反応のしくみ 】

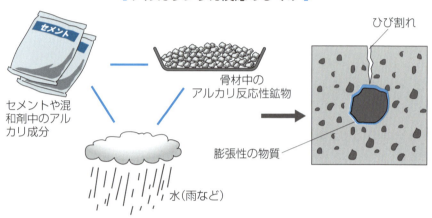

▶アルカリシリカ反応の予防

　アルカリシリカ反応を予防するには、コンクリート中のアルカリ総量の抑制、混合セメントの使用、安全と認められる骨材の使用の3つが基本となります。

①コンクリート中のアルカリ総量の抑制

　反応性骨材を膨張させる原因となるアルカリ分は、コンクリート中の総量を3.0kg/m^3以下にするのが望ましいです。その際はJIS規格でアルカリ分の量が規定されているポルトランドセメントや普通エコセメントを用いる(P.34参照)ことで、コンクリート中のアルカリ総量を把握できます。

②混合セメントの使用

　混合セメントの中で高炉セメントとフライアッシュセメントにはアルカリシリカ反応の抑制効果があります。ただし、セメント中の高炉スラグやフライアッシュの分量の少ないと効果が薄くなるため、A種は使用できません。また、高炉セメントB種での高炉スラグ分量は40％以上、フライア

ッシュセメントB種でのフライアッシュ分量は15％以上必要です。C種であれば問題なく使うことができます。

③安全と認められる骨材の使用

骨材については、アルカリシリカ反応性試験によってアルカリシリカ反応に対する安全性を判定できます。判定結果に応じて下表のように区分Aと区分Bに分けられ、区分Aに該当した骨材は安全と認められるのです。

【アルカリシリカ反応性試験による区分】

区分	摘要
A	アルカリシリカ反応性試験の結果が無害と判定されたもの。
B	アルカリシリカ反応性試験の結果が無害と判定されないもの、またはこの試験を行っていないもの。

なお、**使用する骨材の中に区分Bのものを混合させた場合には、骨材全体を「無害であることが確認されていない骨材」として取り扱わなければなりません**。

▶アルカリシリカ反応の劣化対策

アルカリシリカ反応による劣化がある程度進行してしまった場合には、次のような方法で補修を行います。

- **表面被覆工法**：アルカリシリカ反応の原因となる水分がコンクリート内に浸入するのを食い止めるため、樹脂系の材料などでコンクリート表面の被覆を行う方法です。

- **含浸材塗布工法**：撥水系の材料をコンクリート表面に塗ることで、表面被覆工法と同様に、コンクリート内への水分の浸入を防ぐ方法です。

- **ひび割れ補修工法**：発生したひび割れを補修する方法の総称で、ひび割れの規模に応じてひび割れ被覆工法、注入工法、充填工法などが使い分けられます。

- **巻立て工法**：劣化が進んでいるコンクリート部材の周囲に補強材を巻きつけて一体化させる方法です。補強材には鋼板や繊維強化プラスティックなどが使われます。

- **断面修復工法**：劣化が進んでいるコンクリートを除去・修復する方法です。

5 塩害

　塩害は、コンクリート中の塩化物イオンの作用によって鉄筋を腐食させる現象です。塩害は水と酸素と塩化物イオンの3つが存在する場合に進行します。

▶塩害とは

　塩害は、コンクリート表面から浸入した塩化物イオンが水と酸素と反応することで鉄筋を腐食させる現象です。ひび割れが生じて耐荷性能や耐久性の低下を引き起こします。

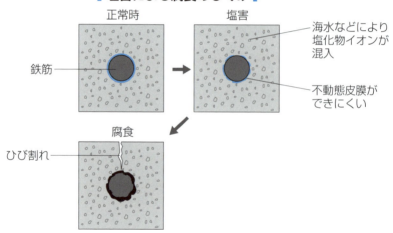

[塩害による腐食のしくみ]

　塩害が発生する主な原因としては、内在塩分によるものと外部供給によるものの2点が挙げられます。
① **内在塩分**：コンクリート製造時に、海砂の骨材や塩化物イオンを含む混和剤などを使用することで塩化物イオンが混入するケースです。
② **外部供給**：海水や凍結防止剤などにより、コンクリート表面から塩化物

イオンが浸入するケースです。

▶塩害の抑制

　塩害を抑制するためには、発生原因である内在塩分を減らし、外部供給を断つことが重要となります。

　まず、海砂などの塩分を含む材料の使用をできるだけ避け、**コンクリート中に含まれる塩化物イオン量は0.3kg/m³以下にします**。これは、レディーミクストコンクリートの受け入れ検査などでの基準にもなっています（P.118参照）。材料や配合、施工については、P.154で解説した海洋コンクリートの場合に則るとよいでしょう。

　また、コンクリート表面に合成樹脂表面被覆材を塗ることで、塩害の原因となる水分や空気（酸素）の継続的な浸入を防止できます。鉄筋コンクリートの場合、合成樹脂を塗装した防食鉄筋を使用したり、鉄筋のかぶりを大きくしたりするのも有効です。

▶塩害の劣化対策

　塩害による劣化がある程度進行してしまった場合には、次のような方法で補修を行います。

- **表面被覆工法**：塩化物イオンの継続的な浸入を防ぐために、樹脂系やポリマーセメント系の材料でコンクリート表面の被覆を行う方法です。
- **断面修復工法**：劣化が進んでいるコンクリートを除去・修復する方法です。腐食した鉄筋の防錆処理も一緒に行います。
- **電気防食工法**：コンクリートを介して鉄筋に防食電流を供給することで、鉄筋表面の腐食反応を停止させる方法です。
- **脱塩工法**：仮設した外部電極とコンクリート中の鉄筋との間に直流電流を流す方法です。コンクリート中の塩化物イオンを除去できるだけでなく、鉄筋表面に不動態皮膜を形成する効果もあります。
- **巻立て工法**：劣化が進んでいるコンクリート部材の周囲に補強材を巻きつけて一体化させる方法です。

6 凍害

凍害は、長期間にわたる凍結と融解の繰返しによって、コンクリートが徐々に劣化する現象です。コンクリート中の水分が0℃以下になるような寒冷地で発生します。

▶凍害とは

水が凍結すると、体積が約9％膨張するという性質があります。**凍害**はコンクリート中の水分が凍結によって膨張し、コンクリートの内部から損傷を与える現象です。コンクリート内部からひび割れなどが発生することが特徴といえます。

また、**昼夜などに0℃を前後するような温度差が生じると、水分の凍結による膨張と融解による収縮が繰り返されるため、コンクリート内部の損傷が蓄積していきます**。

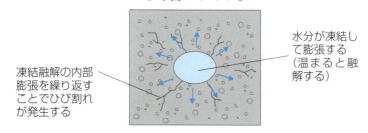

[凍害のしくみ]

凍結融解の内部膨張を繰り返すことでひび割れが発生する

水分が凍結して膨張する（温まると融解する）

▶凍害が引き起こす劣化現象

凍害が発生したコンクリート構造物では、次のような劣化現象が引き起こされます。

- **ポップアウト**：骨材の品質が悪い場合に起こりやすい現象で、表層下の骨材粒子などに含まれる水分の凍結膨張によって、コンクリート表面に

円錐状のくぼみのような剥離が起こります。
- **微細ひび割れ**：紋様や地図状のようなひび割れです。
- **スケーリング**：コンクリート表面が薄片状に剥離・剥落して削られていく現象です。
- **崩壊**：小さな塊や粒子状にコンクリートが崩壊していく現象です。

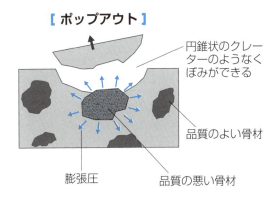

[ポップアウト]

円錐状のクレーターのようなくぼみができる
品質のよい骨材
膨張圧
品質の悪い骨材

▶凍害の抑制

凍害はコンクリート中の水分の凍結が原因となるため、コンクリート中の水分を減らしたり外部からの水分の浸入を防いだりすることが重要です。

材料や配合については、水セメント比は小さくするのが基本です。粗骨材は吸水率が3％以下のものを選ぶとよいでしょう。また、コンクリート表面に防水処理などを施して、外部からの水分の浸透を防ぐことも有効です。

さらに、AE剤の添加によってエントレインドエアを増加させると、コンクリート中の水分が凍結して膨張した際の逃げ道の役割を果たします。

> **スキルUP！**
> 高炉セメントや吸水率の高い骨材（凝灰岩や軟質の砂岩など）は、凍害が生じやすいので避けたほうがよいでしょう。また、初期ひび割れが生じているとそこから水分が浸入してしまうため、施工不良には注意してください。

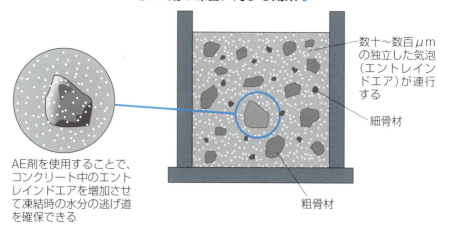

[AE剤の凍害に対する効果]

数十〜数百μmの独立した気泡（エントレインドエア）が連行する

細骨材

粗骨材

AE剤を使用することで、コンクリート中のエントレインドエアを増加させて凍結時の水分の逃げ道を確保できる

　なお、コンクリートを乾燥状態にすると凍害が生じにくくなります。乾燥収縮ひび割れが生じない程度に乾燥させることも有効です。

▶凍害の劣化対策

　凍害による劣化がある程度進行してしまった場合には、次のような方法で補修を行います。

- **表面被覆工法**：凍害の原因となる水分の浸入を食い止めるため、樹脂系の材料などでコンクリート表面の被覆を行う方法です。
- **含浸材塗布工法**：撥水系の材料などをコンクリート表面に塗ることで、表面被覆工法と同様に、水分の浸入を防ぐ方法です。
- **ひび割れ補修工法**：コンクリート表面まで進行したひび割れを補修する方法の総称です。ひび割れの規模に応じてひび割れ被覆工法、注入工法、充填工法などが使い分けられます。
- **断面修復工法**：劣化が進んでいるコンクリートを除去・修復する方法です。特にスケーリングやポップアウトなどの剥離が生じているような、損傷の大きいコンクリートに対して実施します。鉄筋の腐食が生じている場合には、防錆処理も一緒に行います。
- **巻立て工法**：劣化が進んでいるコンクリート部材の周囲に補強材を巻きつけて一体化させる方法です。補強材には鋼板や繊維強化プラスティックなどが使われます。

7 化学的浸食

化学的浸食は、コンクリートが外部からの化学物質と化学反応を起こした結果、さまざまな劣化が生じる現象です。化学物質の種類によって劣化の内容も異なるため、注意が必要です。

▶化学的浸食とは

化学的浸食とは、外部から浸入してきた化学物質とコンクリートが化学反応を起こし、劣化をもたらす現象です。どのような劣化が生じるかは化学物質の種類によって異なりますが、主に次の3パターンに分類することができます。

①水和物との化学反応によるコンクリート組織の分解・多孔質化

化学物質がコンクリート中の水和物と化学反応を起こし、本来は不溶性である水和物を可溶性の物質に変化させることによって、コンクリート組織が分解したり多孔質化したりする劣化パターンです。

このパターンの劣化を引き起こす化学物質には、酸や動植物油、無機塩類、腐食性ガス、炭酸ガスなどがあります。

②水和物との化学反応で生じた膨張性化合物によるコンクリート内部の損傷

化学物質がコンクリート中の水和物と化学反応を起こし、新たな膨張性化合物を生成して生成時の膨張によりコンクリート内部を損傷させる劣化パターンです。

このパターンの劣化を引き起こす化学物質には、動植物油や硫酸塩、海水、アルカリ濃厚溶液などがあります。

③水和物の成分の外部への溶脱によるコンクリート組織の分解・多孔質化

コンクリート中の水和物の成分が外部の水溶液に溶け出してしまい、コンクリート組織が分解したり多孔質化したりする劣化パターンです。

第8章 コンクリートの劣化と対策 **201**

コンクリートが長期間にわたって水溶液などに浸っている場合に生じることがあります。

また、化学的浸食を引き起こす化学物質の種類と浸食の特徴は、下表のとおりです。

【化学的浸食の原因物質と特徴】

化学物質	特徴
酸	・浸食が表面から徐々に内部へ向かって進行する。 ・酸が強くなるほど(pHが低くなるほど)、温度が高いほど、浸食の程度は大きくなる。
アルカリ	・非常に濃度の高い水酸化ナトリウムの場合、浸食が大きい。 ・乾燥や湿潤の繰返しがある場合に劣化が激しくなる。
塩類	・硫酸塩による化学的腐食が代表的。 ・硫酸浸食においては、コンクリートは硫酸との接触により酸としての作用を受け、硫酸塩としての作用による浸食が生じた後にエトリンガイトを生成する。その結果、著しい膨張を引き起こす。
油類	・酸性物質を含まない鉱物油の場合はほとんど浸食しない。 ・動植物油のように多くの遊離脂肪酸を含有する場合には、酸として作用しコンクリートを浸食する場合がある。
腐食性ガス	・塩化水素やフッ化水素、二酸化硫黄は、水に溶けて酸を生成することによりコンクリートを浸食する。 ・硫化水素は、硫黄酸化細菌の作用などによって酸化されて硫黄酸化物となり、水に溶けて酸を生成しコンクリートを浸食する場合と、カルシウム化合物と反応して易溶性のカルシウム塩を生成し、コンクリートを浸食する場合とがある。

【 硫酸浸食による下水管の腐食の例 】

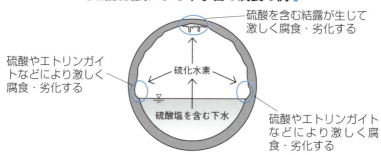

▶化学的浸食の抑制と劣化対策

　化学的浸食では、抑制や劣化対策の両面において、コンクリート内部に化学物質を取り込ませないことが重要です。そのため、あらかじめ**コンクリートの表面処理**を施して、化学物質の浸入を防止するのが有効となります。

　また、化学的浸食が進行してコンクリートの劣化などが生じてしまった場合には、劣化箇所のコンクリートを除去・修復する**断面修復工法**を行うことも必要です。さらに、鋼板や繊維強化プラスチックを補強材に用いた**巻立て工法**を実施して、耐荷力などを改善させる場合もあります。

[断面修復工法]　　　　　[巻立て工法]

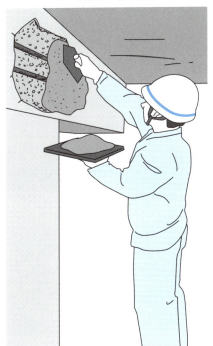
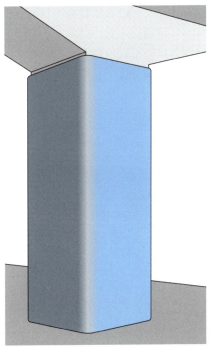

8 非破壊検査

　非破壊検査は、コンクリート構造物を傷つけない方法で劣化状況などを調べる検査の総称です。土木技術者が診断医になって構造物の健康状況（劣化、機能低下など）を総合的に把握します。

▶非破壊検査とは

　コンクリート構造物の劣化状況などを調べる方法はいろいろありますが、大きく分けると非破壊検査と破壊検査に分類できます。これは調査に伴って構造物を傷つけるか否かの違いによるものです。次節で紹介するコア抜き検査は破壊検査の1つです。

　非破壊検査は、目視による方法などを含めたものが該当します。検査項目や測定内容によって方法が複数あり、具体的には下表のようにまとめられます。

【主な非破壊検査】

検査項目	測定内容	検査方法
外観	劣化状況／異常個所	目視／カメラ／赤外線
変形	全体変形／局部変形	メジャー／レーザー
強度	コンクリート強度／弾性係数	コア試験／反発度
ひび割れ	分布／幅／深さ	デジタルカメラ／赤外線／超音波
背面	コンクリート厚／背面空洞	電磁波レーダー／打音
有害物質	中性化／塩化物イオン／アルカリシリカ反応	コア試験／試料分析
鉄筋	かぶり／鉄筋間隔	電磁波レーダー／X線

【 外観検査の例 】

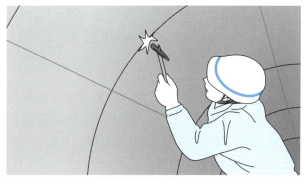

外観検査の一環として実施される目視検査では、ひび割れなどの損傷が生じている箇所の周囲をハンマーでたたき、そのときの応答音から剥離などを把握する方法などが用いられます。

【 強度検査の例 】

リバウンドハンマー

非破壊による強度検査では、リバウンドハンマーという器具でコンクリート表面を打撃し、得られた反発度から圧縮強度を測定する方法(反発度法)などが用いられます。

【 鉄筋検査の例 】

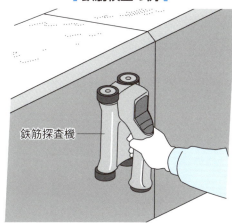

鉄筋探査機

コンクリート中の鉄筋位置や寸法の把握、かぶりの測定などでは、鉄筋探査機と呼ばれる装置で電磁波レーダーをコンクリート内部に放射し、鉄筋などの埋設物の状態を把握する方法(電磁波レーダー法)などが用いられます。

第8章　コンクリートの劣化と対策

9 コア抜き検査

　コア抜き検査は、人間の健康診断における血液検査や生体組織検査に相当するものです。直接検査をするので、コンクリートの具体的な劣化状況などが把握できます。本節では代表的なコア抜き検査として、各種強度試験についても解説します。

▶コア抜き検査とは

　コンクリート構造物に生じている劣化の状態を調べるため、その構造物からコンクリートの供試体(コア)を取り出して実施する検査を**コア抜き検査**といいます。
　コンクリート片を直接調べるので劣化状態を把握する方法としては最適ですが、構造物からコンクリートの一部を抜き取るわけなので、構造物に損傷を与えることとなります。そのため、どの箇所を供試体に使用するかは慎重に決めなければなりません。
　なお、供試体の採取にはコアドリルと呼ばれる専用の機器が使われます。

【 コンクリートの供試体 】

【 供試体の採取 】　　　【 コアドリル 】

▶コア抜き検査の例

　コンクリートにおけるコア抜き検査の代表例としては、**圧縮強度試験**が挙げられます。構造物のコンクリート強度については、使用されたコンクリートの施工時の品質管理データによってある程度は把握できますが、施工状況や環境状況によって実際の数値は異なるのが実情です。そのため、供試体を用いて強度を把握するのが最も正確といえます。

　なお、構造物に対してコンクリートの強度を把握するには、コンクリート表面の反発度から強度を求める方法（P.205参照）、局部的な破壊試験により強度を求める方法などもあります。

コラム　コア抜き検査で中性化を調査する場合も

　コア抜き検査を実施するのは圧縮強度試験などの各種強度試験だけではありません。P.191でも解説したとおり、中性化深さ試験でもコンクリートの供試体を用いる場合があります。

　ただし、これは供試体を用いてさまざまな試験や検査を実施する際に、一緒に中性化深さを調べるというもので、中性化深さ試験だけのために供試体を採取することはほとんどありません。

　P.206でも述べましたが、既存のコンクリート構造物からの供試体の採取は構造物への損傷となるため、何度も実施されるものではありません。よって、採取した供試体はさまざまな試験・検査に活用されるのが一般的です。

▶供試体採取の流れ

供試体を採取して圧縮強度試験などにかけるまでの主な流れは右図のとおりです。

供試体の採取がコンクリート構造物自体に悪影響をおよぼさないように、供試体の採取では次の原則や規定を守らなければなりません。

- ひび割れなどの欠陥部やその付近での採取は避けます。
- 柱や壁など鉛直部材での採取は、打設下面から1.3mから1.5mの位置を標準とします。
- 鉄筋探査機などで鉄筋の位置を把握して、採取の位置に当たらないようにします。
- JIS A 1107では、「コア供試体の直径は、粗骨材の最大寸法の3倍以下にしてはならない」と規定していて、3倍超とします。つまり、粗骨材の最大寸法が25mmの場合、供試体の直径は75mmではなく100mmとすることが原則です。

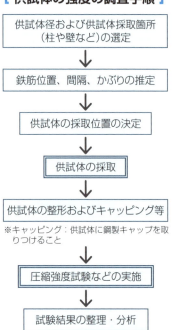

【 供試体の強度の調査手順 】

供試体径および供試体採取箇所（柱や壁など）の選定
↓
鉄筋位置、間隔、かぶりの推定
↓
供試体の採取位置の決定
↓
供試体の採取
↓
供試体の整形およびキャッピング等

※キャッピング：供試体に鋼製キャップを取りつけること

↓
圧縮強度試験などの実施
↓
試験結果の整理・分析

▶圧縮強度試験

圧縮強度試験は、採取した供試体に上から圧縮荷重を加えることで供試体の圧縮強度を調べる検査方法です。本章では劣化調査の一環として取り上げていますが、生コン工場で実施するレディーミクストコンクリートの品質検査（P.100～101参照）やレディーミクストコンクリート納入時に施工業者が実

【 圧縮強度試験 】

圧縮荷重を加える

施する受け入れ検査（P.117〜118参照）でも行われる重要な試験方法の１つです。

圧縮強度試験の方法についてはJIS A 1108で次のように規定されています。

- レディーミクストコンクリートは、荷卸し地点で強度試験用の供試体を試験材齢に応じて、３本または６本採取します。
- 供試体は直径の２倍の高さをもつ円柱形とし、直径は粗骨材の最大寸法の３倍以上かつ100mm以上とします。供試体の直径の標準は100mm、125mm、150mmです。
- 粗骨材の最大寸法が40mmを超える場合には、40mmの網ふるいでふるって40mmを超える粒を除去した試料を使用します。

供試体の圧縮強度試験では、採取したコアをJIS規定のサイズに整形したのち、荷重が面に対して均一にかかるように両端を研磨などにより平滑にします。また、ゴムパッドと鋼製キャップを用いたアンボンドキャッピングなども使用可能です。

採取した供試体が十分な高さを得られない場合、高さ（ h ）と直径（ d ）の比を１：１以上にできれば試験は可能です。その場合、強度が大きめに出るため、下表の補正係数を掛け合わせたものを圧縮強度とします。

【補正係数】

高さと直径の比（ h ／ d ）	補正係数
2.00	1.00
1.75	0.98
1.50	0.96
1.25	0.93
1.00	0.87

※ 表中に示す補正係数は、補正後の値が40N/mm²以下のコンクリートに適用する。

※ 供試体の高さと直径の比が1.90より小さい場合は、試験で得られた圧縮強度に上表の補正係数を乗じて直径の２倍の高さを持つ供試体の強度に換算する。

※ h ／ d がこの表に表す値の中間にある場合、補正係数は補間して求める。

第8章　コンクリートの劣化と対策　**209**

▶引張強度試験

　コンクリートの引張強度を調べる引張強度試験では、割裂引張強度試験と呼ばれる方法が標準です。 この試験は、供試体を横に配置して上下から圧縮荷重を加えることで、供試体の中心軸を含む鉛直面に引張応力を均一に生じさせる方法です。

【 引張強度試験（割裂引張強度試験） 】

供試体を横に配置して圧縮荷重を加える

　なお、割裂引張強度試験はJISでも主要な引張強度試験方法と位置付けていて、JIS A 1113で規定しています。

▶曲げ強度試験

　コンクリートの曲げ強度を調べる曲げ強度試験では、3等分点載荷法という方法が標準的に使われています。 これは、直方体状の供試体の幅を3等分した際の位置に圧縮荷重を加え、その際に生じる最大曲げモーメントから曲げ強度を把握する方法です。

[曲げ強度試験（３等分点載荷法）]

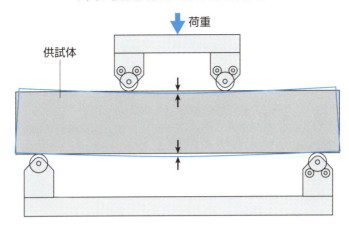

　３等分点載荷法については、JIS A 1106において主要な曲げ強度試験方法として規定されています。

コラム　供試体の採取と作成の違い

　レディーミクストコンクリートの品質検査や受け入れ検査の際にも圧縮強度試験などを実施すると解説しましたが、このときに使われる供試体はどこかのコンクリート構造物から採取してきたものではもちろんありません。試験用の供試体をつくるための型枠があり、その型枠にレディーミクストコンクリートを詰めて作成しているのです。

　なお、強度試験用の供試体のつくり方については、JIS A 1132にて、供試体の寸法や使用する器具、コンクリートの詰め方などが、圧縮強度試験用や曲げ強度試験用、引張強度試験用に分けて細かく規定されています。

コラム

■コンクリート関連のさまざまな資格

　コンクリートの施工や診断の質を確保するため、コンクリートにはさまざまな技術者の資格があります。国家資格ではないものの、これらの資格を有した人材の現場配置が必須になりつつあるので、活躍の場を広げるためにも将来的な資格取得をぜひ目指してください。

①コンクリート技士

　コンクリートの製造や施工などに関する知識や技術を習得した技術者であることを証明する資格です。

②コンクリート主任技士

　コンクリート技士での知識や技術に加えて、研究や指導を実施する能力を有した技術者であることを証明する資格です。

③コンクリート診断士

　コンクリート構造物の診断に関わる知識・技術を有していることを証明する資格です。コンクリートの維持管理が求められている現在において、特に重要な資格といえるでしょう。

④プレストレストコンクリート技士

　プレストレストコンクリートに関する知識や技術を備えた技術者であることを証明する資格です。

⑤コンクリート構造診断士

　コンクリート構造物の診断に関する知識・技術を有していることを証明する資格で、コンクリート診断士との違いとしては、耐震性能への診断能力なども求められます。

　なお、①～③は公益社団法人日本コンクリート工学会、④～⑤は公益社団法人プレストレストコンクリート工学会が試験や登録研修などを実施しています。

第 9 章

コンクリートの
これから

最終章ではコンクリートの現状と
今後について解説します。コンク
リート構造物の老朽化をはじめと
するさまざまな課題が山積してい
る一方、それらの問題解決に向け
た取り組みも着実に進められてい
ます。コンクリートの将来像をぜ
ひ思い描いてみてください。

1 コンクリート構造物に求められる性能

コンクリートの現状を把握するうえで、まずはコンクリート構造物の要求性能について押さえておきましょう。要求性能を実現するために実施する構造物設計についても解説します。

▶要求性能の基本

P.62〜63でも解説しましたが、コンクリート標準示方書では、コンクリート構造物の維持管理を行うにあたり、要求する性能を次のとおりに挙げています。

①**安全性**：耐荷性能、耐震性能、転倒や滑動に対する安全性

②**使用性**：使用に関する性能（たわみ・振動など）、機能性に関する性能（車線数など）

③**復旧性**

④**第三者への影響度**：剥離や剥落、供用に伴う騒音

⑤**美観**

⑥**耐久性**：①〜⑤が持続する性能

コンクリート構造物が建設された当初の状態から何らかの原因で劣化や損傷が生じた場合、年数を経るごとにその劣化や損傷が進行し上記の性能が低下していきます。これが要求性能を下回ることがないように、**定期的に点検を行って劣化・損傷の状況や構造物の性能を早期に把握**し、対策が必要となるタイミングで**補修や補強を実施して低下した性能を改善**させて、要求性能を持続させるのです。

この一連の作業がコンクリート構造物における耐久性の確保であり、維持管理の根幹となります。

【 コンクリート構造物の維持管理 】

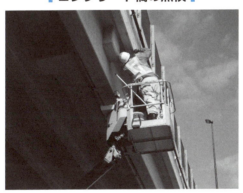

【 コンクリート橋の点検 】

▶構造物設計で要求性能を実現させる

　あるコンクリート構造物が必要になった場合、要求性能やつくる場所、構造物の規模、種類などを決めるのが計画です。そして、要求性能を満たしたコンクリート構造物を建設するために**構造物設計**という工程で詳細を検討します。

【 構造物の建設計画から維持管理までの流れ 】

建設計画 → 構造物設計 → 施工 → 維持管理

第9章　コンクリートのこれから　215

構造物設計とは、要求性能を満たす構造形式や材料の指定、部材(壁)の厚さ、鉄筋の太さ・本数、基礎の形式や杭の本数・配置などを定める工程です。 例えば、次のような作業を行います。

- 安全性を確保するために、地震に耐えられる壁厚や鉄筋の本数などを計算する。
- 使用性を確保するために、適切な構造形式を検討する。
- 第三者への影響度を低減するために、かぶりを厚くしてコンクリート片の剥落を防ぐ。
- 美観を確保するために、周辺景観に合った形式、材料や施工方法を検討する。

要求性能に関連して決めなければならないことは非常に多く、多岐にわたります。「現場ごとに答えは違う」とすらいえるため、通常は人員と時間をかけて下の図のような事項を考慮しながら設計作業を進めることになります。

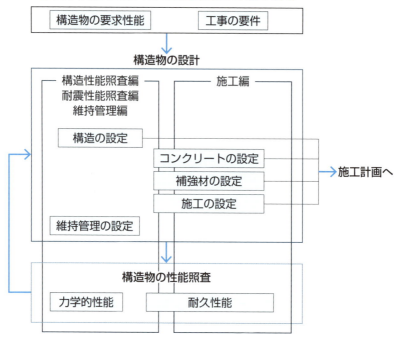

【 要求性能を踏まえた構造物設計作業の例 】

▶構造物設計の手法

建設計画で要求性能が明確になると、次の構造物設計では要求性能の下限を下回る限界状態を想定したうえで構造物の形や部材の厚さ、鉄筋の本数などを計算で求め、構造物が要求性能における限界状態に至らないことを確認します。このような要求性能を照査する手法を**限界状態設計法**といいます。

要求性能における主な限界状態の例は下表のとおりです。

【要求性能における限界状態の例】

要求性能	限界状態	具体的な状態
安全性	断面破壊	すべての状態で耐荷性能を保持できない。
	疲労破壊	繰返し作用する力で耐荷性能が保持できない。
	安定	基礎（杭など）の変形で構造物が不安定になる。
使用性	外観	ひび割れ、汚れで不安感や不快感を与える。
	騒音振動	構造物から生じる騒音振動が周辺環境に悪影響をおよぼす。
	走行歩行	車両や歩行者が快適に走行や歩行ができない。
	水密	水が漏れる、透水や透湿で鉄筋が腐食する。
	損傷	剥離、剥落などでそのまま使用することが不適当。
耐震性能	機能喪失	地震によって人命に関わる構造物の損傷が生じる。

限界状態設計法の前に一般的に用いられていた設計手法は**許容応力度設計法**といい、鉛直荷重と水平荷重に対する構造物の応力を求めて、これによって生じる各部材の応力度が許容応力度以下になるように設計する方法です。1986年のコンクリート標準示方書の改正まで用いられていました。

これは比較的簡単に設計作業ができる方法ですが、さまざまな条件をまとめて許容値を定めるため、材料や荷重のばらつきなどの精度をあまり考慮できないことや、作用する力に対してどのような負荷がかかり、どのように損傷するのかを明確に説明することが困難でした。そのため、構造物によっては不必要に部材が厚かったり鉄筋が多かったりする場合があり、限界状態設計法が主流となりました。

第9章　コンクリートのこれから　**217**

▶構造物の耐震性能とは

コンクリート構造物が保有すべき耐震性能については、コンクリート標準示方書では「構造物の損傷が人命に与える影響、避難・救援・救急活動と二次災害防止活動に与える影響、地域の生活機能と経済活動に与える影響、復旧の難易度と工事費を考慮して定めることを原則とする」と規定しています。

ただし、**どのクラスの地震が発生しても同じ耐震性能を有していなければならないというわけではなく、地震動の種類に合った耐震性能を持たせます**。このような地震の種類と耐震性能については、下表のような関係にあります。

【地震の種類と耐震性能の関係】

地震の種類	地震動のレベル	耐震性能	
耐用年数期間中に数回発生する地震	レベル1	耐震性能1	地震時に機能を保持し、地震後も補修しないで使用できる
直下、内陸活断層による地震	レベル2	耐震性能2	地震後に短時間で回復、地震後も補強しないで使用できる
大規模なプレート境界地震		耐震性能3	構造物全体が崩壊しない

構造物の耐用年数期間中に数回発生する確率の地震動に対しては何ら問題がなく、健全なまま補修もしないで使用できる機能を有しているのが耐震性能1です。**多くの構造物はこの耐震性能1と、構造物が崩壊しない耐震性能3で計画されています**。これは、構造物の重要度、地震の発生する確率、標準的な耐用年数（40～50年）、費用対効果などから性能レベルを判断した結果です。

ここからさらに重要度が増す構造物などは耐震性能2や耐震性能3を確保するように計画されます。なお、**最も厳しい耐震性能を要求されるのは橋梁**で、高速自動車国道や都市高速道路、指定都市高速道路、本州四国連絡道路、一般の国道にかかる橋、都道府県道と市町村道のうち、防災計画上等から重要と判断された橋などが該当します。

2 老朽化が進むコンクリート構造物

社会問題として大きく取りざたされているコンクリート構造物の老朽化。現在どのような状況にあるのか、そして、その対策としてどのようなことが実施されているのかを解説します。

▶道路構造物における老朽化の現状

全国には約70万基の橋梁と約1万本のトンネルが存在するとされています。国土交通省によると、2013年時点で建設後50年を経過していた橋梁（2 m以上）が18％、トンネルが20％程度でした。これが2033年には、建設後50年を経過する橋梁が7割近く、トンネルが半数になると見込まれています。そのため、**将来的な橋やトンネルの老朽化による劣化や変状への対策を、今のうちから考えていく必要があるのです。**

メモ

道路構造物以外でもコンクリート構造物のインフラ設備の老朽化は進んでいます。例えば、水門などの河川管理施設（約1万施設）の場合、2013年時点では50年以上経過している施設は約25％ですが、2033年になると約64％に達すると見られています。また、港湾岸壁（約5,000施設）の場合、2013年時点では50年以上経過している施設は約8％にすぎないのに対し、2033年には約58％にまで増えるとされています。

【 橋梁の経過年数の推移 】

第9章　コンクリートのこれから　219

※建設年不明のトンネルは除く。

▶コンクリート構造物の老朽化とは

　コンクリート構造物の老朽化については、実際にトンネルのコンクリート塊落下事故や橋梁床板のコンクリート片剥落事故などのケースが生じています。

　ところで、コンクリートが老朽化することで具体的にどのような現象が起こるのでしょうか。単純に50年経過したからといってコンクリート自体が劣化し寿命を迎えるというものではなく、その現場条件や施工過程により生じるアルカリシリカ反応による内部からの破壊、中性化による鉄筋の腐食、塩害による劣化、凍害による剥離、繰返し荷重による疲労、施工不良（主に不適切な水セメント比）による強度低下、不良材料（海砂、不良骨材）の使用による劣化の促進など、年数を経ることによって、さまざまな劣化要因が複合して発生しているのがコンクリート老朽化の現状です。

　コンクリート構造物も人と同じで、単純に50年経過したから弱るのではなく、50年経過する間に経験する「環境の変化やハードワーク、蓄積された疲労」などに

コンクリートの耐用年数というと「50年」といわれることが多いですが、これは減価償却資産（建物や機械装置、器具備品など経年で価値が下がっていく資産）が利用に耐えうる年数として、一般的な鉄筋コンクリート構造物だと50年で設定されているのです。あくまで診断の目安で、50年で必ず寿命を迎えるというわけではありません。

よって弱っていくのです。

　一部第8章と重複しますが、コンクリートが老朽化することによって発生する劣化要因とその対策は下表のとおりです。

【主な劣化要因とその対策】

劣化要因	対策
アルカリシリカ反応	使用材料のアルカリ総量を抑制
中性化	表面被覆や再アルカリ化
塩害	塩分浸透防止の塗装
凍害	早強性のセメントや吸水率の小さい骨材の使用
繰返し荷重	部材の補強
施工不良	適切な施工管理
不良材料	適切な品質管理

　どの劣化要因にも対策が確立していて、適切な対応が取られていれば問題にならないものばかりですが、現実的にはさまざまな理由で厳しい状況におかれています。

▶コンクリート構造物老朽化の問題点と対策

　コンクリート構造物が老朽化したことでさまざまな劣化が生じたとしても、ほとんどの事例において対策は確立されています。では、なぜコンクリート構造物の老朽化が問題になっているのでしょうか。

　例えば、コンクリート構造物のうち道路インフラを例にすると、次のような問題点が挙げられます。

- 対象施設の数が多い（橋梁：約70万基、トンネル：約1万本）。
- 施設の性能に差が大きい（高速道路、国道、県道、市町村道）。
- 国や県、市町村などでの管理体

土木技術者の不足による点検・診断の精度の低下は深刻です。例えば、国土交通省の道路局が2013年に173の地方自治体に道路インフラの点検に関して調査を行ったところ、そのうちの約78%が遠望目視点検（構造物には触れない距離からの、双眼鏡やはしごを使った目視による点検方法）で済ませていることがわかりました。人手不足のために構造物をしっかりと点検することができていないのです。

第9章　コンクリートのこれから

制に差がある。
- 予算の確保が難しい（緊急性の高い案件が優先されてしまう）。
- 土木技術者が少ない（特に構造物保全に携わっている技術者の不足）。
- 点検・診断の信頼性が確保されていない。

つまり、**膨大な数の老朽化した構造物があるにもかかわらず、経済面や人材不足などにより対応が追いついていないというのが現実なのです。**

さらに今後も構造物の老朽化はさらに増加し、その対応も難しくなっていきます。そこで**国土交通省では、適切な維持管理を行い施設の長寿命化を図るために「点検→診断→措置→記録→次の点検」のメンテナンスサイクルの確立・運用への取り組みが進めています。**

【 国土交通省の道路インフラに対する認識と取り組み 】

1 道路インフラを取り巻く現状

（1）道路インフラの現状
- 全橋梁約70万基のうち約50万基が市町村道
- 一部の構造物で老朽化による変状が顕在化
- 地方公共団体管理橋梁では、最近5年間で通行規制などが2倍以上に増加

（2）老朽化対策の課題
- 直轄維持修繕予算は最近10年間で2割減少
- 町の約5割、村の約7割で橋梁保全業務に携わっている土木技術者が存在しない
- 地方公共団体では、遠望目視による点検も多く点検の質に課題が残る

（3）現状の総括（2つの根本的課題）

最低限のルール・基準が確立していない　⟷　メンテナンスサイクルを回すしくみがない

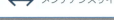

2 国土交通省の取り組みと目指すべき方向性

（1）メンテナンス元年の取り組み
　本格的にメンテナンスサイクルを回すための取り組みに着手

○道路法改正（2013年6月）
- 点検基準の法定化
- 国による修繕等代行制度創設

○インフラ長寿命化基本計画の策定（2013年11月）
「インフラ老朽化対策の推進に関する関係省庁連絡会議」
⇒インフラ長寿命化計画（行動計画）の策定へ

（2）目指すべき方向性
①メンテナンスサイクルを確定　②メンテナンスサイクルを回すしくみの構築

また、メンテナンスサイクルの具体的な内容は次ページのとおりです。

【 メンテナンスサイクル 】

1 メンテナンスサイクルの概要

[点検]
○橋梁(約70万基)・トンネル(約1万本)などは、国が定める統一的な基準により、5年に一度、近接目視による全数監視を実施
○舗装、証明柱などは適切な更新年数を設定し点検・更新を実施

↓

[診断]
○統一的な尺度で健全度の判定区分を設定し、診断を実施
『道路インフラ健診』　　　　　（省令・告示：2014年3月31日公布、同年7月1日施行）

区分		状態
Ⅰ	健全	構造物の機能に支障が生じていない状態。
Ⅱ	予防保全段階	構造物の機能に支障が生じていないが、予防保全の観点から措置を講ずることが望ましい状態。
Ⅲ	早期措置段階	構造物の機能に支障が生じる可能性があり、早期に措置を講ずべき状態。
Ⅳ	緊急措置段階	構造物の機能に支障が生じている、または生じる可能性が著しく高く、緊急に措置を講ずべき状態。

↓

[措置]
○点検・診断の結果に基づき計画的に修繕を実施し、必要な修繕ができない場合は、通行規制・通行止め
○利用状況を踏まえ、橋梁などを集約化・撤去
○適切な措置を講じない地方公共団体には国が勧告・指示
○重大事故などの原因究明、再発防止策を検討する道路インフラ安全委員会を設置

↓

[記録]
○点検・診断・措置の結果を取りまとめ、評価・公表(見える化)

2 メンテナンスサイクルを実現させるためのしくみ

[予算]
(高速)○高速道路更新事業の財源確保(通常国会に法改正案提出)
(直轄)○点検、修繕予算は最優先で確保
(地方)○複数年にわたり集中的に実施する大規模修繕・更新に対して支援する補助制度

[体制]
○都道府県ごとに道路メンテナンス会議を設置
○メンテナンス業務の地域一括発注や複数年契約を実施
○社会的に影響の大きな路線の施設などについて、国の職員等から構成される道路メンテナンス技術集団による直轄診断を実施
○重要性、緊急性の高い橋梁などは、必要に応じて、国や高速会社等が点検や修繕などを代行(跨道橋など)
○地方公共団体の職員・民間企業の社員も対象とした研修の充実

[技術]
○点検業務・修繕工事の適正な積算基準を設定
○点検・診断の知識・技能・実務経験を有する技術者確保のための資格制度
○産学官によるメンテナンス技術の戦略的な技術開発を推進

[国民の理解・協働]
○老朽化の現状や対策について、国民の理解と協働の取り組みを推進

参考：国土交通省

老朽化が進むコンクリート構造物

なお、道路メンテナンス会議とは、道路施設の点検や補修・更新などについて、道路管理者が相互に連絡・調整を行い、関連する情報の共有を行うことでその実態を把握し、国民の理解を得ながら、協力して道路施設の老朽化対策の強化を図ることを目的として設置する会議です。

　また、直轄診断とは、地方公共団体の技術力などを鑑みて支援が必要なもの（複雑な構造を有するもの、損傷の度合いが著しいもの、社会的に重要なものなど）に限って、国が地方整備局の職員などで構成する道路メンテナンス技術集団を派遣し、技術的な助言を行う診断をいいます。

　この方針に基づいて国土交通省では、専門の技術職員で構成する道路メンテナンス技術集団を派遣し技術的な支援を行ったり、メンテナンス年報を作成・公表したりするなど、随時報告が行われています。

【 道路メンテナンス技術集団 】

3 コンクリート構造物と大震災

日本では地震との関わりを避けて通れません。大震災などの経験を通じて、コンクリート構造物を守るために法律や指針は変化し続けてきました。近い将来に発生するといわれている大地震に備えて、しっかりと押さえておきましょう。

▶近年の大震災での被災状況

近年、日本では大きな震災が何度も起こりました。そのうちの1つ、**東日本大震災（2011年）の地震や震度の規模は国内観測史上最大でしたが、実はコンクリート構造物自体の被害は比較的小さかったといえます**。これは、阪神淡路大震災（1995年）、新潟中越沖地震（2003年）での経験に基づく地震対策に一定の効果があったおかげだと考えられます。ただし、津波に襲われた地域の被害は大きく、橋梁や建築物の崩壊、道路の寸断、駅舎や線路が流出した箇所が多く発生しました。

[東日本大震災での津波による被害例]

アパート（宮城県仙台市）

スキルUP！
東日本大震災で津波による未曾有の被害が生じたことから、特に沿岸部の地域のコンクリート構造物については津波への対策意識も高まっています。想像を絶するほどの威力のある津波から構造物を守ることは困難な課題ともいえますが、今後も技術革新が進む中で対策が確立していくことが望まれます。

▶地震に対する指針の変遷

構造物を計画する場合、「この構造物はどこまで重要なのか」「どれくら

いの強度を持たせればよいのか」など、その要求性能のレベルを決める必要があります。それらの設計手法や基準値を定めたものが各種の設計基準で、コンクリート標準示方書は1931年に制定され、道路構造令が1970年に制定され、1973年に道路橋示方書として鋼橋とコンクリート橋の基準が統一されました。

また、許容応力度設計法から**限界状態設計法**に移行し（1986年。P.217参照）、さらにコンクリート標準示方書では、阪神淡路大震災の被災分析を踏まえたうえで耐震設計編を制定し、はじめて**耐震性能の照査**という概念が導入されました。それ以降、耐震技術の進歩を大きく取り入れているのが特徴です。

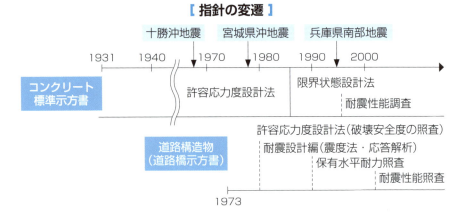

▶大震災に対する取り組み

大震災に対してコンクリート構造物に求められる性能は明確で、壊れないことにつきます。より高強度でより安価に、さらなる技術革新が求められています。

構造物以外の取り組みでは、**セメント系固化材による地盤改良**が挙げられます。地震時に地盤の液状化現象が問題になることが多いですが、セメント系の固化材で地盤の強度を高めれば液状化を防止することが可能です。ほかにも堤防の基礎部分や道路、既存の基礎部分の補強など、地震への対応策として有効な手段の1つとして挙げられます。

4 コンクリート業界の未来像

現代社会を支え続けてきたコンクリートは、これからどのような形で社会や環境と関わっていくのでしょうか。コンクリートの未来像を思い描くためのさまざまなヒントを紹介します。

▶循環型社会への対応

現代社会における大量生産・大量消費・大量廃棄といった社会システムが今後も続いていくと、限りある資源が枯渇し、資源の処分場が不足し、さらに廃棄物によって環境が破壊されていきます。このような問題を解決するための考え方が循環型社会です。これは次の3Rを推進する社会です。

- **ごみを減らす（Reduce：リデュース）**
- **廃棄物も資源として再利用する（Reuse：リユース）**
- **活用できないものは適正に処分し、再生利用する（Recycle：リサイクル）**

このような取り組みにより、天然資源の消費を抑制し、環境への負荷をできるだけ減らすことが求められています。

【 循環型社会のイメージ 】

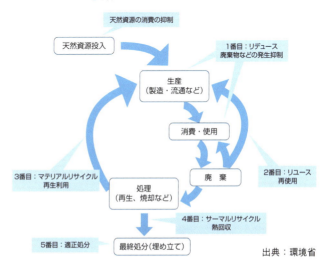

出典：環境省

このような社会情勢の中、**セメント産業では他の産業で発生した廃棄物や副産物をエネルギーや原料の代替品として積極的に活用していて、循環型社会への貢献が期待されています。**

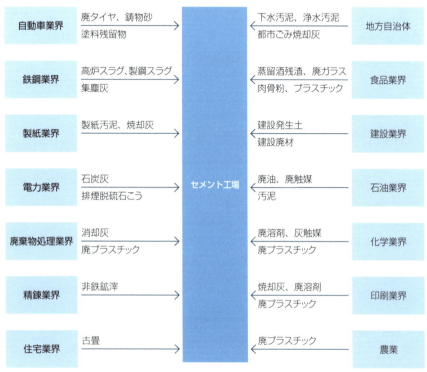

【 セメント業界と循環型社会 】

例えば、焼却灰などの廃棄物を主原料としたエコセメント、撤去したコンクリートを粉砕してつくる再生骨材、廃タイヤなどは可燃性のゴムを燃料の代わりとして使用できます。また、通常燃やしきれないタイヤの中に入っているスチールについては、セメントの中間製品であるクリンカの製造に用いると、鉄分としてクリンカに取り込まれます。

このクリンカは同じ成分であれば製造過程で取り込まれ、二次的に廃棄物を出さないことから、各種の廃棄物・副産物をクリンカの原料として利用する技術を開発し、廃棄物の受け入れ量を増やしてきています。

▶進化するコンクリート技術

各産業の技術力の進化は目覚ましく、コンクリートの分野でもさまざまな方向性で進化を続けています。基本的にはコンクリートの短所の克服を目指したものが多いですが、近年では自然環境との共生を目指すといった傾向も見られます。

①コンクリートの高強度化

コンクリートの水分を減らし、混和剤を加えて強度を高めたものがP.141などで取り上げた高強度コンクリートです。コンクリートの強度を高めるということは、部材を薄くできる＝軽い構造物となる＝基礎の規模を軽減できる＝低コスト化へとつながります。

また、耐久性が増して使用期間が長くなり、これも総合的な低コスト化を図ることができます。

②海水を使用してつくられるコンクリート

大林組で開発されたのが、真水ではなく海水を使った海水練りコンクリートです。離島や沿岸地域での材料調達において大幅なコストダウンが見込めることから、将来性の高い技術といえるでしょう。特殊な混和剤によって真水で打ったコンクリートよりも高強度になるため、エポキシ樹脂塗装鉄筋やステンレス鉄筋を併用するなど鉄筋腐食対策を講じることで、今後の鉄筋コンクリートへの運用も期待されています。

また、海水練りコンクリートの活用方法としては、東日本大震災で発生した大量のコンクリートがらを粉砕して利用した消波ブロックの製造が考えられています。材料の再利用のみならず、製作コストの低減、工期短縮など大きなメリットが見込まれます。

> P.225でも述べたとおり、東日本大震災では地震そのものによるコンクリート構造物への被害は比較的小さかったのですが、津波によって多くの構造物が甚大な被害を受けました。津波を受けて損壊した構造物は解体せざるを得なかったものの、その際に発生した大量のコンクリートがらは海水を含んでいたため、コンクリートへの再利用が難しいことが問題となっていたのです。

【 消波ブロックの施工フロー 】

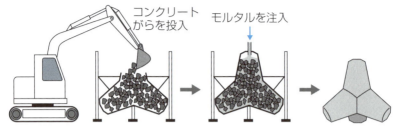

参考：大林組

③自然と共生を図るコンクリート

　河川の護岸などで用いるコンクリートについては、これまでは治水のために強度のみを重視してきました。しかし、近年は環境配慮への関心の高まりから、生態系に配慮した護岸整備も求められています。

　そこで、鹿島建設で開発されたのが、耐久性を損なわないで土に近づける環境配慮型ポーラスコンクリートです。通常のコンクリート配合材に植物繊維を添加し、土と同様の吸水、保水、蒸発散、毛管作用の性質をもたせています。

　また、環境配慮型ポーラスコンクリートは、必要な強度を保ちつつ大きな骨材を使用して、コンクリート内に空隙を確保します。この空隙に土を充填することにより、昆虫や植物などの生物の生息空間が作られ、治水と環境保全の両立を目指すことができます。さらに、ヒートアイランド対策にも期待されています。

【 自然とコンクリートの共生の例 】

従来の護岸

環境配慮型ポーラスコンクリートを用いた護岸

提供：鹿島建設

▶これからのコンクリート業界

　現在、これまでに建設してきた構造物の老朽化が問題になっているだけでなく、大規模災害への対応も求められ、構造物の要求性能もさらに高度になってきています。**コンクリート業界は今以上に社会への貢献を期待されている中、多くのアイディアと試行錯誤を力に、コンクリートの短所の克服、自然環境との共生、材料の再利用など新たな技術開発を推し進めています。**

　しかし、近年コンクリート業界に限らず、建設業界全体で技術者の減少が問題になっており、若者たちの躍進と活躍が求められています。**技術職はそれなりに厳しい職場で忍耐と努力を求められますが、我々のアイディアは形になります。我々の仕事は地図に残ります。努力に見合う喜びは必ず得られるでしょう。**

コラム

■今後のコンクリート業界の動向

　2020年に東京オリンピック・パラリンピックが開催されます。前回の東京オリンピックが1964年だったので、56年ぶりの開催です。この東京オリンピック・パラリンピック整備事業に加えて、東日本大震災からの復興需要、国土強靭化事業などにより、コンクリート関連の需要については、しばらくは増勢・安定基調で推移していくことが見込まれています。

　国土交通省では、東京オリンピック・パラリンピック向けた具体的な取り組みを進めています。例えば、インフラ整備に関する内容としては「空港の機能強化とそのアクセス改善」「道路輸送インフラ整備」を挙げていて、首都圏での大規模な開発事業を展開しています。

　東京オリンピック・パラリンピックにおけるコンクリート関連の需要は、2019年がピークとなると考えられています。その一方で、現在でも社会問題化している労働力人口の減少と高齢化は、今後さらに深刻になっていきます。本章でも解説したとおり、コンクリート業界では、皮肉なことに前回の東京オリンピック当時に建設された構造物が50年以上経過していますが、作業員の不足により点検や補修、補強を必要とされているものの多くが残されたままの状態です。そのため、新規開発・整備だけではなく、引き続き、維持管理にも多くにマンパワーが必要となっています。

　このような状況下、これからも少子高齢化が進んでいくことで、さらなる人手不足が懸念されています。コンクリート業界や建設業界としては、若手人材の確保・育成に一層の力を入れていく必要があるのです。

索　引

あ行

アーチカルバート……………………179
アーチ構造……………………………167
アスファルトコンクリート……………14
アスファルト舗装……………………140
圧縮応力度……………………………169
圧縮強度…………………………………69
圧縮強度試験…………………………208
圧縮力…………………………………10・169
あばら筋(スターラップ)………111・172
アルカリシリカ反応………99・189・193
アルカリシリカ反応性試験……………195
アルミナセメント………………………30
アルミネート相………18・31・36・154
アルミン酸カルシウム水和物…………19
アルミン酸三カルシウム……18・31・36・
　154
一輪車…………………………………25・120
受け入れ検査……………24・107・117
打重ね…………………………………122・156
打込み………22・25・107・119・121
打継ぎ……………107・124・154・156
打継目……………………124・154・156
内割り……………………………………54
運搬……………………………………23・116
AE減水剤…………………52・53・130
AEコンクリート………17・74・130・159
AE剤……………52・130・133・199
エーライト……………………18・31・36

か行

エコセメント…………………30・31・141
エトリンガイド…………………………19
塩害……………………………………152・196
塩化物イオン………35・101・118・196
遠心力締固め…………………………180
鉛直打継目……………………124・156
エントレインドエア……………52・199
応力図…………………………………171
オートクレーブ養生…………………180
帯筋(フープ筋)…………………111・172
温度制御養生…………………………125
温度ひび割れ…………………………136

か行

加圧締固め……………………………180
海砂……………………………………196
回収水…………………………………47・141
海上大気中……………………………152
海水練りコンクリート………………229
海中……………………………………153
外部供給………………………………196
外部拘束………………………………136
海洋コンクリート………17・20・74・152
化学混和剤………………………………51
化学的浸食……………………………201
重ね合せ継手…………………………113
ガス圧接継手…………………………113
片持ち梁………………………………170
型枠……………………………………114
型枠工事………………………106・114

233

型枠の解体…………………………127
活性度指数……………………………57
割裂引張強度試験…………………210
かぶり……………………………………112
壁式構造……………………………166
仮設備計画…………………………108
カルバート……………………………167
環境配慮型ポーラスコンクリート……230
含浸材塗布工法……………195・200
含水量……………………………………41
乾燥収縮………………………………13
寒中コンクリート…………………15・130
干満帯………………………………153
管理計画……………………………109
機械式継手…………………………113
気乾含水量……………………………41
気乾状態………………………………40
気硬性セメント………………………33
基礎工事……………………………104
機能的耐用年数……………………184
気泡コンクリート……………17・158
吸水率……………………………………40
吸水量……………………………………41
給熱養生…………………127・131
強制二軸練りミキサ(強制二軸練り型)
………………………………………96
強制練りミキサ(強制練り型)…96・142・
145
強度…………………61・69・101・117
強熱減量………………………………34
許容応力度設計法…………………217
緊結材(フォームタイ)…………114
空気中乾燥状態………………………40

空気量………………66・79・101・117
くさび式………………………………176
躯体工事……………………………104
クリンカ………………18・36・228
計画配合………………………………64
経済的耐用年数……………………184
ケイ酸カルシウム水和物…………19
ケイ酸三カルシウム…………18・31・36
ケイ酸二カルシウム…………18・31・36
傾胴ミキサ(傾胴型)………………96
軽量コンクリート……………………91
計量設備………………………………95
結束線…………………………………112
限界状態設計法…………217・226
減水剤…………………………………52
建築……………………………………21
現場説明会…………………………106
現場練りコンクリート………………90
現場配合………………………64・83
原料工程………………………………37
コア抜き検査………………………206
鋼管(ばた材)………………………114
高強度コンクリート…16・91・141・229
高性能AE減水剤……52・130・132・142・
144
高性能減水剤………………52・142
構造物設計…………………………215
構造用軽量コンクリート骨材…………42
構造力学……………………………169
工程検査……………………………100
高流動コンクリート………16・143
高炉スラグ骨材………………………42
高炉スラグ微粉末……54・55・142・144

高炉セメント‥30・93・136・144・154・194

コールドジョイント……128・132・147・156

骨材……………………………38・99

コンクリート……………………………8

コンクリート製品………………177

コンクリートに含まれる材料容積……85

コンクリート舗装………………140

コンクリートポンプ工法………149

コンクリートポンプ(ポンプ車)……25・119・142・145・149

混合セメント…………30・31・130・194

コンピュータ制御室………………96

混和剤……………50・51・67

混和材……………50・54・67

混和材料…………………………50

さ行

再アルカリ化工法…………………192

細骨材……………………………39

細骨材率……………82・84・85

細骨材量……………………………67

砕砂………………………………42

再振動締固め………………123

再生骨材……………………40・42

再生コンクリート………………58

砕石………………………………42

材齢………………………………13

散水養生……………125・142

3等分点載荷法…………………210

仕上工事…………………………104

仕上工程…………………………37

ジオポリマーセメント……………160

敷き桟……………………………115

止水板……………………………156

事前調査…………………………108

湿潤状態…………………………40

湿潤養生……………125・156

実績率……………………41・101

示方配合…………………………64

締固め…………22・25・107・122

遮へいコンクリート………17・158

砂利………………………………42

修正標準配合………64・83・99

シュート……………………25・120

主筋……………………111・172

循環型社会………………………227

常圧蒸気養生………………180

上水道水…………………………47

焼成工程…………………………37

上澄水……………………………47

暑中コンクリート………15・132

シリカセメント……………30・93

シリカフューム……………55・142

真空締固め………………180

人工軽量骨材………40・42・44

振動締固め………………180

水硬性セメント………………33

水酸化カルシウム………………19

水中コンクリート………17・148

水中不分離性コンクリート………148

水平打継目………………124

水密コンクリート………17・155

水和熱……………………………34

水和反応……………9・18・29

235

水和物……………………18
スクイーズ式………………119
スケーリング………………199
砂……………………………42
スペーサー…………………112
墨出し………………………115
スラグ骨材………………42・141
スラッジ水…………………47
スランプ……60・66・78・92・101・117
スランプフロー………61・79・92・117
製品検査……………………100
せき板………………………114
施工技術計画………………108
施工計画…………………106・108
石灰石微粉末………55・56・144
絶乾状態……………………40
絶乾密度……………………40
石こう……………………18・31
絶対乾燥状態………………40
セパレータ…………………114
セメント……………29・99・228
セメントコンクリート………14
セメントペースト……………9
セメント水比………………73
全アルカリ…………………35
全骨材容積…………………85
せん断応力度………………170
せん断ひび割れ……………173
せん断力……………………170
早強ポルトランドセメント………30・93
増粘剤系……………………144
促進養生……………………180
粗骨材………………………39

粗骨材の最大寸法………66・77・92・99
粗骨材量……………………67
底開き容器…………………151
速硬エコセメント……………30
外割り………………………54
粗粒率………………………41

た行

耐震性能……………………218
耐硫酸塩ポルトランドセメント……30・93
打設………………22・25・106・119
脱塩工法……………………197
縦シュート…………………120
ダムコンクリート…………17・157
試し練り…………………68・80
単位骨材量…………………76
単位細骨材量……………76・85
単位水量………67・75・82・84・85
単位セメント量…………67・75・85
単位粗骨材量……………76・85
単位容積質量………40・85・101
単位量………………………75
単純梁………………………170
ダンプトラック…………117・139
断面修復工法……192・195・197・200・
　203
中性化……………………190・207
中性化深さ…………………191
中庸熱ポルトランドセメント……30・93・
　136・141・144・154
超早強ポルトランドセメント………30・93
調達計画……………………109
直接打設……………………151

貯蔵設備……………………………95
直轄診断……………………………224
定着具………………………………176
低熱ポルトランドセメント………30・93・
　136・141・144・154
鉄アルミン酸四カルシウム……18・31・36
鉄筋工事………………………106・111
鉄筋コンクリート……14・162・163・166・
　169
鉄筋継手………………………………113
鉄筋腐食先行型………………………189
転圧コンクリート舗装（RCCP）………140
電気防食工法…………………………197
電気炉酸化スラグ骨材………………42
天然軽量骨材…………………………40
凍害……………………………189・198
銅スラグ骨材…………………………42
道路メンテナンス会議………………224
道路メンテナンス技術集団……………224
特殊セメント…………………30・31
土木……………………………………20
トラス構造……………………………167
トラックアジテータ……………23・117
トラックミキサ………………………23
トレミー工法…………………………149

な行

内在塩分………………………………196
内部拘束………………………………136
内部振動機（バイブレータ）……………123
斜めシュート…………………………120
生コンクリート（生コン）…………22・90
生コン工場…22・62・71・94・100・117

生コン車………………………………23
新潟中越沖地震………………………225
ねじ式…………………………………176
練混ぜ設備……………………………95
練混ぜ水………………………………46

は行

配合……………………………………60
配合強度…………………………66・70
配合計算………………………………85
配合推定………………………………60
配合設計…………………………60・64
パイプクーリング……………………137
配力筋……………………………111・172
破壊検査………………………………204
白色ポルトランドセメント……………30
バケット…………………25・120・142
柱主筋…………………………………111
バッチャープラント………………23・95
梁主筋…………………………………111
阪神淡路大震災………………………225
反応性骨材……………………………193
PC鋼材………………14・164・174
ビーライト…………………18・31・36
東日本大震災…………………………225
微細ひび割れ…………………………199
ピストン式……………………………119
引張応力度……………………………169
引張強度………………………………69
引張強度試験…………………………210
引張力…………………………………169
非破壊検査……………………………204
比表面積………………………………34

237

ひび割れ………………………13・187

ひび割れ先行型………………………189

ひび割れ補修工法………………195・200

ひび割れ誘発目地………………………137

被膜養生………………………………125

飛沫帯…………………………………152

表乾状態……………………………40・64

表乾密度………………………………40

標準配合……………………………64・98

表面乾燥飽水状態…………………40・64

表面水率……………40・84・85・101

表面水量………………………………41

表面被覆工法………192・195・197・200

フェライト相…………………18・31・36

フェロニッケルスラグ骨材………………42

吹付けコンクリート…………17・20・158

袋詰めコンクリート……………………151

付着強度………………………………69

普通エコセメント……………30・93・194

普通コンクリート………………………91

普通ポルトランドセメント…30・93・147

物理的耐用年数………………………184

不動態皮膜……………………………190

フライアッシュ………………55・142・144

フライアッシュセメント…30・93・136・
144・154・194

プラスティック収縮ひび割れ……132・147

ブリーディング…………………42・122

プレキャストコンクリート……21・146・
177

プレクーリング……………………137

プレストレストコンクリート……15・21・
162・164・174

フレッシュコンクリート……………9・11

プレテンション方式……………………174

プレパックドコンクリート……17・149・
159

粉体系…………………………………144

併用系…………………………………144

ベースコンクリート……………………146

ペシマム量……………………………194

ベルトコンベア………………………120

変動係数………………………………72

崩壊……………………………………199

防火水槽………………………………179

防錆剤………………………………52・53

膨張コンクリート……………………17・159

膨張材………………………55・56・142

法定耐用年数…………………………184

保温養生…………………………127・131

ポストテンション方式…………………175

舗装コンクリート……………16・91・138

ボックスカルバート……………181・182

ポップアウト…………………………198

ポルトランドセメント……30・31・130・
194

ま行

巻立て工法…………195・197・200・203

膜養生………………………………126・142

曲げ強度…………………………69・138

曲げ強度試験…………………………210

曲げせん断ひび割れ……………………173

曲げひび割れ…………………………173

曲げモーメント………………………170

マスコンクリート……………16・20・135

豆板（ジャンカ）……………………128
ミキサ……………………………23・96
水セメント比………………66・73・85
水の計量値…………………………85
密度…………………………………40
無筋コンクリート…………15・162・164
メンテナンスサイクル………………222
目標耐用年数………………………184
モノサルフェード水和物………………19
モルタル………………………………9

や行

有効吸水量…………………………41
養生…………………22・25・107・125
溶接継手……………………………113
擁壁…………………………………168
呼び強度…………………………70・92

ら行

ラーメン構造………………………166
流動化コンクリート……………16・146
流動化剤…………………52・53・146
両端固定梁…………………………170
劣化ひび割れ………………………189
レディーミクストコンクリート……22・90
レディーミクストコンクリート納入書
……………………………………98
レディーミクストコンクリートの発注
……………………………………97
レミコン………………………………91
ローマン・コンクリート………………26

わ行

割増強度……………………………70
割増係数……………………………72

239

◆著者略歴◆

水村 俊幸（みずむら・としゆき）
1978年東洋大学工学部土木工学科卒業。株式会社島村工業で施工管理、設計・積算業務に従事。現在、中央テクノ株式会社に勤務、NPO法人彩の国技術士センター理事。技術士（建設部門）、1級土木施工管理技士、コンクリート診断士、コンクリート技士、RCCM（農業土木）。

速水 洋志（はやみ・ひろゆき）
1968年東京農工大学農学部農業生産工学科（土木専攻）卒業。株式会社栄設計で建設コンサルタント業務に従事。2001年、株式会社栄設計代表取締役に就任。現在、速水技術プロダクション代表、株式会社ウォールナット技術顧問、株式会社平和総合技研技術顧問。技術士（総合技術監理部門・農業土木）、測量士、環境再生医（上級）。

吉田 勇人（よしだ・はやと）
1989年株式会社栄設計入社。現在、株式会社栄設計技術部次長。1級土木施工管理技士、RCCM（農業土木）。

長谷川 均（はせがわ・ひとし）
1980年埼玉県立熊谷工業高等学校土木科卒業。大晃商事株式会社で技術営業、生コンクリート工場のJIS表示認証指導業務に従事。有限会社国分で生コンクリートの品質管理業務に従事。現在、株式会社技術開発コンサルタント取締役副社長。コンクリート診断士、工業標準化品質管理推進責任者、コンクリート主任技士。

本書に関するお問い合わせは、書名・発行日・該当ページを明記の上、下記のいずれかの方法にてお送りください。電話でのお問い合わせはお受けしておりません。
・ナツメ社webサイトの問い合わせフォーム
　https://www.natsume.co.jp/contact
・FAX（03-3291-1305）
・郵送（下記、ナツメ出版企画株式会社宛て）
なお、回答までに日にちをいただく場合があります。正誤のお問い合わせ以外の書籍内容に関する解説・個別の相談は行っておりません。あらかじめご了承ください。

ナツメ社Webサイト
https://www.natsume.co.jp
書籍の最新情報（正誤情報を含む）は
ナツメ社Webサイトをご覧ください。

最新図解 基礎からわかるコンクリート

2018年6月4日　初版発行
2024年6月20日　第6刷発行

著　者	水村 俊幸	©Mizumura Toshiyuki, 2018
	速水 洋志	©Hayami Hiroyuki, 2018
	吉田 勇人	©Yoshida Hayato, 2018
	長谷川 均	©Hasegawa Hitoshi, 2018
発行者	田村 正隆	

発行所　**株式会社ナツメ社**
　　　　東京都千代田区神田神保町1-52 ナツメ社ビル1F（〒101-0051）
　　　　電話　03（3291）1257（代表）　FAX　03（3291）5761
　　　　振替　00130-1-58661
制　作　**ナツメ出版企画株式会社**
　　　　東京都千代田区神田神保町1-52 ナツメ社ビル3F（〒101-0051）
　　　　電話　03（3295）3921（代表）
印刷所　**ラン印刷社**

ISBN978-4-8163-6450-1　　　　　　　　　　Printed in Japan

＊定価はカバーに表示してあります　＊落丁・乱丁本はお取り替えします

本書の一部または全部を著作権法で定められている範囲を超え、ナツメ出版企画株式会社に無断で複写、複製、転載、データファイル化することを禁じます。